"推动力"系列经典丛书

科学仙境

[英]阿拉贝拉·伯顿·巴克利　著

吴　蕾　译

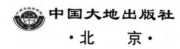
中国大地出版社
·北　京·

图书在版编目（CIP）数据

科学仙境 /（英）阿拉贝拉·伯顿·巴克利著；吴
蕾译. —北京：中国大地出版社，2022.9
（"推动力"系列经典丛书）
ISBN 978-7-5200-0989-8

Ⅰ. ①科… Ⅱ. ①阿… ②吴… Ⅲ. ①科学知识－青
少年读物 Ⅳ. ①N49

中国版本图书馆 CIP 数据核字（2022）第 140875 号

KEXUE XIANJING

责任编辑： 于丽丽
责任校对： 李　玫
出版发行： 中国大地出版社
社址邮编： 北京市海淀区学院路 31 号，100083
电　　话：（010）66554518（邮购部）；（010）66554511（编辑室）
网　　址： http：//www.chinalandpress.com
传　　真：（010）66554686
印　　刷： 三河市华晨印务有限公司
开　　本： 710mm×1000mm　1/16
印　　张： 10.5
字　　数： 120 千字
版　　次： 2022 年 9 月北京第 1 版
印　　次： 2022 年 9 月河北第 1 次印刷
定　　价： 38.00 元
书　　号： ISBN 978-7-5200-0989-8

前　言

　　我在英国圣约翰伍德学院进行了十场演讲，很大一部分观众是儿童，很多人建议我把这些演讲收录成书，作为儿童读物出版。

　　最初我有点犹豫，担心这些知识用文字描述起来不如口口相传的效果好，但那些孩子对这些知识非常感兴趣，因此我受到了鼓舞。我想，这些内容或许可以成为孩子们的快乐源泉，帮助他们拓宽视野，唤醒他们内心深处对大自然以及科学研究的热爱。

　　本书内容全都由演讲时所做的短篇笔记重新整理撰写而成。除了第一讲外，其他章节都是用简单而愉悦的语言描述和解释自然现象。在本书中，我参考了一些优秀的科普著作，却没有办法提供真实属于我自己独立创造的科学知识，因为我写的科普知识，都是科学家们的共同财富。

——阿拉贝拉·伯顿·巴克利（Arabella B. Buckley）

I

出版说明

　　《科学仙境》是"'推动力'系列经典丛书"之一。作者阿拉贝拉·伯顿·巴克利是英国作家、科学教育家，她把对科学的看法置于本书中，用优美的语言阐述科普知识，以新颖独特的视角展示了丰富的科普世界，有趣而真实，她认为用幻想来表现自然世界的事实并不矛盾。

　　用大自然书写的童话故事讲述科学的原理。"仙境"一词仿佛充满了魔法，"仙女"的出现也让孩子感受到了科学的神奇力量，使他们充满了对科学世界的向往。作为写给孩子的科普读物，作者营造了仙境一般的科学殿堂，意在培养孩子的科学兴趣和科学素养。

　　虽然本书原著作品完成于若干年前，书中指出的科学现象与展现的科学原理也是存在于作者生活的时代与地方，但科学知识是历久弥新的。基于对原著作品的尊重，译者和出版者最大限度地还原原著，将科学现象与科学原理通过阳光、空气、水、声音、动物、植物等常见的事物展现在读者面前，力争唤醒孩子心中对人与自然关系的科学认识。

目　录

怎样利用科学仙境，如何漫游科学仙境

　　我答应过要把"科学仙境"介绍给大家，这承诺似乎有点大胆，因为大部分人都把科学视为一堆枯燥乏味的事实，而"仙境"是美丽、充满诗意、承载想象的地方。但我依旧对自己充满信心，我希望向大家证明：科学是一幅美妙的画卷，是一首真实的诗歌，是一个可以创造奇迹的仙境。此外，我还向大家承诺："科学仙境"里真的住着"仙女"，她们让世界变得奇妙，无论你是头发花白的老人，还是可爱童真的少年，都会喜爱她们。当你在陆地或者海上漫游时，当你穿过草地或者丛林时，当你在水中或空气中前行时，无论何时，你总是可以召唤她们。虽然你看不见她们，但是可以感受到她们神奇的力量，感受到她们围绕在你身边的气息。

　　首先，我们来看看科学想要给我们讲述什么样的童话故事，它和众所周知的童话故事之间又有多大区别。很多人都知道《睡美

人》（*Sleepy Beauty in the Wood*）的故事，公主在一个巫师的诅咒下，被纺锤戳伤，然后沉睡了一百年。栅栏里的马、庭院里的狗、房顶上的鸽子、正在厨房揪着洗碗工耳朵教训他的厨子都遭受到咒语的牵连，国王和王后也在大厅里沉沉睡去。树篱围绕着城堡肆意生长，筑起一座厚厚的宫墙，万物一片死寂。百年之后，一位英勇的王子来到了这里，挂满美丽花朵的篱笆自动为他让开一条路，王子踏上这条路，进入了城堡，来到公主沉睡的房间，献给她甜蜜一吻，然后公主苏醒过来，城堡里的万物又恢复了生机。

科学能给人带来与之相媲美的童话故事吗？

试想，世界上有比水更忙碌和活跃的事物吗？当它在湍急的小溪中奔流时，或是冲击在石头上，或是从喷泉中涌射而出，或是从房顶上徐徐滴落，或是在微风拂过池塘时泛起阵阵涟漪。难道你就没有看到过水的其他动态或静态吗？试着在冬日某个霜冻的早晨，从窗户向外望去，昨天从家门口缓缓流过的小溪，现在已经结冰了，这一幕是多么的寂静啊！曾经被溪水冲刷过的石头，现在被冰冻在旁边。看，池塘里的涟漪也冰封不动了，往上看，屋顶上没有了昏昏欲睡的鸽子，原本潺潺流动的水结成了冰凌，像一排水晶点缀着屋顶。在灌木丛里，你会看到慵懒的水滴此时已经凝结成了小小的"钻石"。喷泉像玻璃树一样，长着下垂的尖叶，就连你自己呼出的哈气，也能在玻璃窗上结出蕨叶形的窗花。

就在前一天，这些水还忙忙碌碌，或激流，或滴落，或无形地悬浮在空中，现在却被"咒语"牵连禁锢。是谁对它们施了魔法？是霜冻巨人迅速将水抓住，让它们动弹不得，无法逃走。

然而再过些时间，事情就开始反转了。就像《睡美人》中横亘在城堡前的篱笆，自动为王子让出一条路，几小时、几天或者几周后，悬挂在沉闷天空中的乌云散去，英勇的太阳洒下阳光，于是阳光轻吻冰冻的水，将它解救出来。水又活跃了起来，小溪再次泛起涟漪，冰冻的水滴从树上滑落，房顶上的冰凌也掉落下来，水珠从玻璃窗上缓缓流下。至此，万物都被明快温暖的阳光唤醒。

这是大自然书写的童话，是科学讲给我们的故事。

再听一个《猫皮姑娘》的故事。一位来自树洞的姑娘，带着一个核桃，核桃里装着三套绚丽的礼服：第一套礼服如太阳般夺目，第二套礼服如月光般皎洁，第三套礼服如星星般闪耀。如此造型美丽、做工精细的衣服就这样装进了一个核桃里。科学也会讲述一个类似的故事，那是一个在同样微小壳子里发生的故事。每个壳子里不仅仅是礼服，还是小动物的家——一个很小的壳子宫殿。它由很多蕾丝花边组成，每个花色都非常好看，这些蕾丝是住在这个宫殿里面的小精灵用海水泡沫编织而成，尽管它只是一只小小的水母。

最后，再说一个故事，看过《奇妙的旅行者》（*Wonderful Travellers*）的读者肯定还记得里面有个"千里眼"的人，他可以看到三千米外一棵树上苍蝇的眼睛。老实说，哪怕燃气出口就在你的眼皮底下，在燃气被点燃之前，你能看见它吗？然而，如果你会使用仪器测量气体，就可以辨别出不同气体，就算气体在约1.5亿千米外的太阳表面上也不影响你的判断。而且仪器还会给你讲述，在距离我们非常遥远星球上不同气体的性质。实际上，仪器还会告诉你在那里可以找到与我们地球上相同的金属。

我们可以在科学领域中发现很多类似的童话。我们必须把科学仙境口口相传，和科学成为好朋友，看看科学是否和古老的童话故事一样真实。

告诉我，你为什么喜爱童话故事？它有什么魅力？它难道不是突然发生的、与人类毫无关系的科幻故事吗？在仙境中，鲜花盛开，房屋像阿拉丁神殿般在某个夜晚拔地而起，人们一旦被仙女魔杖触碰就会被带到很远的地方去。

仙境和我们不想去旅行的一些遥远国家不一样，它就在我们之中，只需睁开眼睛就可以见到，也有可能肉眼看不见。莎士比亚传奇戏剧《暴风雨》（*The Tempest*）中的空气小精灵（Ariel）和《仲夏夜之梦》（*A Midsummer Night's Dream*）中喜欢恶作剧的小精灵（Puck）并非住在无人可知的地方，相反，空气小精灵在歌谣中唱道：

> 在蜜蜂吸蜜的地方我吸蜜，
> 我卧在莲香花的钟儿里，
> 我一直睡到枭鸟的鸣声起，
> 我骑在蝙蝠背上飞去，
> 快活地去追寻着夏季。❶

有一天晚上，一位农夫靠着一棵树睡着了，他被仙女魔杖施法后睁开眼睛，这才有机会看见一群小精灵和魔鬼，有的在草地上跳舞，有的坐在蘑菇上，有的站在花头上用橡子制成的杯子啜饮，有的在用草叶打闹嬉戏，有的骑在蚱蜢身上蹦跳飞奔。

无独有偶，一位英勇的骑士为了解救一群受到压迫的可怜少女，冲进了激流中。在骑士艰难地冲到水中央时，被仙女魔杖施了法，等到他睁开眼睛时看见仙子在安抚他惊恐的马，温柔地引导马儿跑向对岸。

对于上面提到的农夫和骑士，或者任何得到过仙子的馈赠并且

---

❶ 歌谣是梁实秋译。——译者注

4

可以看见她们的人来说，仙子近在咫尺。但是藐视仙子、否认她们存在或者不在乎仙子的人，是看不见仙子的，时不时还会遭到她们的捉弄。

现在看来，存在于我们童年里的仙子，也同样存在于科学中。有一种力量环绕着我们，并存在于我们中间，请允许我称之为仙子。她们比古老童话里的仙子更奇妙、更魔幻，更美丽万千。她们也是隐形的，有些人一辈子都从未见过她们，或者对此漠不关心。人们闭上眼睛，或许是不想睁眼去看，或许是没人告诉人们如何去发现仙子。人们为工作和生活中的小麻烦而烦恼，不知道如何放松，如何给自己充电，除非仙子撑开他们的眼睛，向人们展示大自然的甜美画卷。他们就像威廉·华兹华斯（William Wordsworth）在《彼得·贝尔》（*Peter Bell*）中写的那样：

对他来说，

河边的樱花草也只是黄色的樱花草，

仅此而已。

我们不会这样生活，我们渴望睁开眼睛，问一句："这些力量是什么？仙子是什么？我们怎样才能看见它们？"

走出去吧，到户外静静地坐着，好好欣赏大自然的杰作。听听微风拂过的声音，仰望天上云卷云舒，看看脚边池塘泛起的涟漪和波纹，倾听溪水流过，观察花苞一朵朵绽放。然后问自己："这些都是如何形成的？"夜晚出去走走，看露水在小草上一滴一滴汇集，或是追随冬日早晨叶片上悬挂的精美霜冻冰晶而去。看暴风雨来临时充满活力的闪电，听轰隆隆的雷鸣。告诉我，这些美妙的作品是什么机器制作出来的？这些不是人为的，而且人类根本无法阻止这一切的发生，因为它们都是由无形的力量或者仙子创作的，这些创作者正是我想要带你们结识的朋友。不管是白天还是夜晚，夏季还是冬日，暴风来袭还是天朗气清，这些仙子都在不停地忙碌着。我们可能听说过或者知道她们，如果我们愿意的话，还可以和她们成为朋友。

我们只需拥有一项能力便可以了解她们，那就是想象力。不是说你需要去思索不存在的幻象和魔鬼，而是在脑海或思维里构建图片的力量，就算它本身是无形的。大部分孩子都有这种极佳的天赋，热衷于把听来的故事在脑海中绘制成图片，并且喜欢一遍一遍地听同一个故事，直到他们对每一个细节都像亲身经历过一样了如指掌。这就是为什么只要讲述得当，孩子就一定会喜欢科学。孩子们有着清晰的视野，可以将我们与已经看见的短暂事物联结起来，也让我们去发掘还未被看见的真理，我期望孩子们明亮的目光永远不会消失。

如果你具有这种想象力，那么在这一讲中，你将和我一起探寻大自然里隐形仙子的足迹。

来看一场阵雨吧。这些水滴从何而来？水滴为什么是圆的，准确地说为什么是椭圆的？我们将会在第四讲中看到雨滴形成的原因：水分遇热分离、蒸发在空气中，热力就是奇妙的力量❶或仙子之一。直到冷风袭来，空气遇冷，再没有足够的热力使水分蒸发，另一股无形力量便出现了——凝聚力。凝聚力早早就做好准备，等候在此，待蒸发的水分们走到近旁，一把便将它们抓住，然后把它们锁在一颗水滴中，在水滴房间中，它们可以躺下。随着水滴越变

---

❶ 我很清楚使用"力量"（force）这个词所带来的风险，尤其是它的复数形式，即使是最谦卑低调的一本小书，也可能因草率使用这个词而受到科学纯粹主义者的伤害。然而，术语"能量"在这里是行不通的，我希望大家能原谅我保留了这个被滥用的术语。

越大，它们又被另一股无形力量控制——万有引力。万有引力把它们一滴一滴地往地面上拽，然后一场雨就形成了。我们停下来思考一下，你一定听说过万有引力吧？知道太阳是通过万有引力吸引着地球和其他行星的，然后使它们围绕着自己有规律地转动吧？雨水降落到地面上的过程，也是相同的万有引力完成的。谁能说它不是一位伟大的无形巨人呢？不管我们是醒着还是在睡梦中，它总是缄默不语、低调隐身、勤勤恳恳地完成或大或小的工作任务。

现在雨过天晴，地面迅速变干，就像并未下过雨一样。告诉我，雨滴都去哪儿了？答案是一部分渗入了土地中，剩下的被太阳晒干了。但是远在约 1.5 亿千米外的太阳，是怎么对雨滴产生作用力的呢？你听说过有一种无形的波每秒都在太阳和我们之间往复穿梭吗？在下一讲中，我们将了解到这些波是太阳到达地球的信使，太阳信使会如何将地面上的雨滴撕成我们看不见的微小碎片，然后再把它们吸到云上去。这里有很多看不见的仙子每时每刻都在你身边工作，从窗户向外望去，你一定能看到她们在辛勤工作。

然而，如果天寒地冻，水就不会以阵雨的形式降落，而是会变成雪花无声飘落。在一场阵雪之后，万籁俱寂时，到户外去走走，看看落下来的雪花。拈来一朵雪花，你会发现它不仅是冻结的水，还是一颗美丽的六角形水晶。这些水晶是怎么形成的呢？是什么力量将它们雕琢得如此精致？在第四讲中，我们将会了解到在云朵上有另一位隐形仙子，我们就叫她"结晶力"吧。在小水珠聚集成圆形水滴之前，她负责抓住它们，然后安静且迅速地将它们塑造成精致的星星状水晶，也就是我们常说的雪花。

现在，假设是在 2 月初下的雪，别急着观察雪花，先清理掉铺在草坪上的洁白雪床。那被压在白雪下，却努力穿过雪花偷瞄外面世界的绿色小尖是什么？是一株初生的雪花莲。你能告诉我为什么它得以生长吗？它从哪里汲取养分？是什么使之叶片日渐伸展、根茎逐渐粗壮？是哪几位仙子负责这一切？

首先是一位隐匿的仙子"生命"。哪怕是最聪明的人，也对她知之甚少。但在第七讲中，我们将会看到她的工作方式，了解到阳光仙子在其中是如何忙碌的：去年的雪花莲如何吸收阳光，将其带来的养分储存在鳞茎里；春天，大地刚刚回暖之时，被监禁的微小光波又是如何重新焕发生机，激活雪花莲鳞茎中的物质，使之向上膨胀爆发，直至破土而出。接着，轮到太阳光波正式接手这份工作了，它要在细小的嫩叶中建立绿色颗粒，帮它们从空气中汲取营养，同时，深埋地下的细根也在啜饮土壤中的水分。无形的生命和阳光在这个时候都很忙碌，促使另一位被称为"化学反应"的仙子也开始了工作，雪花莲因此长大、开花。在这个过程中，你我可什么忙都没有帮到。

再想象另一幅画面，希望在这之后，你能相信我口中这些仙子的存在。你从外面寒冷的花园跑回家，发现燃料静静地躺在壁炉中，干木头和黑煤球亟待被燃烧。你划了一根火柴将它们点燃，炙热的火焰迅速跳跃起来。热量从何而来？为什么煤会燃烧，还发出热乎乎的光？你难道没有读过地精的故事吗？被困于地下或矿山中的地精，直到被仙女魔杖解救，才得以重回地面。亿万年前，我们如今所使用的煤块在当时还是植物，是和现在花园里的雪花莲一样的植物。它们吸收阳光，将阳光输送给叶片并储藏起来。生长过后，植物慢慢枯萎死去，被深埋在土地中，其中的阳光也被一并埋葬。就像地精被仙女魔杖解救那样，地下的植物形成的煤后来被煤矿工挖掘开采出来，然后被送入你家壁炉。就在刚才，你手持自己的仙女魔杖，释放出了它们的热量。你点燃了一根火柴，火柴中的原子和氧气中的原子在空气中激烈碰撞，触发了"热力"和"化学反应"两位仙子的工作。她们迅速在枯木和煤块之间忙碌起来，使二者的原子相互作用。被监禁已久的阳光跳了出来，燃起熊熊火焰。然后你把手伸到壁炉边，愉悦地惊叹道："真舒服，真暖和!"却未曾想到供你取暖的是很久以前的阳光。

这不是奇幻神话，这是事实真相，正如我们将在第八讲中看到的故事。如果亿万年前植物没有吸收阳光来帮助叶片生长，这些被压碎的叶片也没有被留下来为释放热量做准备，那么煤块里的热量也就不复存在。

现在你相信我说的仙境了吧？是否愿意关注一下它？你能否利用自己的想象看到凝聚力仙子时刻准备着，想要在原子相互靠近的时候，一下将它们封锁？或想象到重力仙子使劲把雨水拉向地面？或察觉到在云朵上塑造雪花的结晶力仙子？你能在脑中描绘出从太阳上远道而来的太阳光波和热力吗？

你介意再了解一位陌生的仙子"电"吗？她带领闪电穿过天空，引得雷声轰鸣。你想知道太阳是如何为它所照耀的地方绘制图画的吗？由此，我们才能够携带照片回顾快乐时刻，才能够一睹地球美景并拍照记录。你对"化学作用"产生过一点好奇吗？这位仙子在空中、陆地和海上创造了无数的奇迹。如果你对这些隐形的力量感兴趣，还想和它们成为朋友，就接着往下看吧。

下一个问题：该如何进入科学仙境？

只有一个办法，你需要像童话故事里的骑士和农夫一样睁开眼睛。如果触到了想象力的魔杖，你会发现自己身边不缺可以观察的对象，围绕着你的每个事物都会给你讲述一些历史。每当看到大街上那些体弱的孩子，我就会想，如果能在家或医院里听到隐藏在周围各个事物中的故事，这些体弱的孩子该有多快乐啊！他们甚至不需要下床，因为就算躺在病床上，阳光也会照到他们身上；也不用担心在病房里枯燥，因为单是关于阳光的故事就够他们听一个月了。壁炉里的火、床头的灯、玻璃杯中的水、天花板上的苍蝇、插在花瓶里的花朵，每一件事，都有自己的历史，都能够向我们展现大自然中的隐形仙子。

你只有迫切地想要见到她们时，才能看见她们。如果你活在世间，眼里却只有吃穿用度，你将永远见不到科学仙子。如果凡事你都喜欢问个为什么，愿意思考伟大的宇宙是如何创造和管理世间万物的；如果你聆听风吟，并且对风的起因感兴趣；如果你发现了自己回答不了的问题，愿意在书中或实验中积极寻找答案，那么你就会了解和喜爱这些仙子。

注意，我并不是让你不停地向别人提问，因为得到答案的过程越迅速和容易，你就会忘得越快，而一个经过反复求证和思考的问题最终被解决才是永久的胜利。打个比方，如果自问地面上的雨为什么会干，十有八九你会回答："因为被太阳晒干了。"然后这个答案萦绕在耳边，你感到很满足。但如果你在火边持一块湿手帕，看水汽升腾，你会真切地感受到地上的湿气是如何被热量带走的。

我有一个小侄女西西，年仅 4 岁，口齿还不太清晰。一天早晨，她站在卧室的窗户边，注意到了沿着窗玻璃缓缓流下的水珠。她问道："姑姑，为什么在房间里也会下雨呢？"用文字给她解释我们呼出的气体会在冰冷的玻璃上凝结成水滴这件事是徒劳的，所以我把玻璃擦干净，反复对着它呼气，直到玻璃上形成新的水珠，然后告诉她："因为西西和姑姑昨晚上一直在房间里像这样呼吸啊。"她点了点小脑袋，然后在窗户边不断哈气，观察玻璃上的小水珠，就这样愉快地玩了许久。大约一个月后，我们结束一段旅行，坐在回家的车上，我看见她的小手指跟随着车窗玻璃上水珠流过的踪迹在划动，嘴里还念念有词："你们是西西和姑姑做出来的。"在这个幼小孩子的脑海里形成了"无形的水汽从嘴里呼出来，然后化成窗玻璃上的水滴"的真实画面。

你还需要学习一些科学语言。如果你出国旅游，对当地语言知之甚少，那么你对这个国家的认识也会受限。同样地，你想通过书本解决疑惑，就得先看懂书中的文字。这并不表示你需要努力学习专业的科学术语才能了解科学，事实上，用到的专业术语很少，一本科普读物就够了。不过，你要学会理解用常用语言写作的科学文章。

举个例子，极少数人能够真正解释清楚固体、液体和气体的概念。比如，木头、水和气体之间的区别。但只要你将这三种东西正确摆放，每个孩子都可以想象出它们的区别。

世间万物皆是由细微或极小的粒子组成，固体中的粒子紧密相连，想要改变固体的形状，必须用力将它们分开。如果我要掰断一块木头，就必须强制这些粒子旋转移动，这样做难度很大。而液体中粒子虽然也相互联结，但并不十分紧密，彼此可以转动滑行。这就是为什么把一杯水倒在桌子上之后，它就不再是杯子的形状，而是沿着桌子平铺流动。最后说说气体，在气体中粒子间联结松散，它们都想远离对方，如果你没有把气体安全密封，它一定会很快就散开。

因此，固体的体积和形状不会轻易变化，除非你用力改变它；液体会保持原本的形状，然而如果不予限制，它的形状会有所改

11

变；气体不会保持相同的体积，也不会保持相同的形状，它会最大限度地扩散到任何可以渗入的空间。这些知识虽然简单，但必须要从书本和实验中获得。

再者，你应该理解什么是化学反应，虽然我可以先在此粗略解释一下，但想要了解这一奇妙神力，你必须自己做很多有趣的实验。如果我把糖溶于水中，虽然它看起来消失了，但仍然是糖，并未与水合为一体。只要杯中的水蒸发掉，糖依旧会留在杯底，这里面就没有化学反应。

不过我将在水里放入一种可以唤起这种神力的单质——金属钾，之所以称它为单质，是因为我们无法将之分离为别的物质，无论我们在哪儿发现它，它都是一样的。现在，假如我将这块金属钾放入水中，它不会像糖一样立刻融化在水中，而是在水中不断游动翻滚，伴有嘶嘶的声响，并产生蓝色火焰，最后"砰"的一声消失不见了（见图1）。

图1 水中的金属钾

这里发生了什么？

首先，你得知道水是由氢和氧两种物质组成的，二者不仅结合在一起，还结合得非常彻底，两个氢原子和一个氧原子组成一个水

12

分子。金属钾一心一意地喜爱着氧，在被丢进水里的一瞬间，它召唤了"化学反应"仙子来帮助自己，努力把氧原子拉住，让它们与自己联合在一起。在这个过程中，金属钾也顺便拉住了一部分氢，但仅拉住了一半，剩下的氢被留在了冷水里。不对，不是冷水！因为钾和氧相互碰撞产生了极大的热量，实际上剩下的氢变得很热，并一跃进入空气中去寻找伙伴来弥补损失了。它还找到了一些飘浮在空中的氧，然后一把将它们抓住，由于动作太大还产生了火花。与此同时，钾和它刚找到的氧与氢安静沉入水中，生成氢氧化钾。你看，我们得到了一种全新的物质——氢氧化钾，在这场忙乱中，化学反应将原子聚集在一起。

如果你能够真正想象到这种力量，那么你将理解书中所说以及在大自然中的所见。

随处可见的花朵对世界极其重要，你必须知道一朵花不同部位的名称，这样才可能看得懂书中关于植物生长、生存以及结果的解释。知道自己如何呼吸、血液如何流动，知道为什么有些动物在陆地行走，有些动物在空中翱翔，有些动物在水里游泳。你还需要去了解世界上的不同地方，这样你才会知道河流、平原、山谷是什么。这些知识不难学到，你可以通过物理、化学、植物学、生理学或自然地理的相关书籍进行了解。在你理解了一些科学术语后，如果你愿意继续睁开眼睛去观察，用耳朵去认真倾听，仅凭自己，你就可以在科学仙境中快乐畅游。然后，不管你去哪里，都能发现"树会说话，流淌的小溪上漂浮着书本知识，石头中也蕴藏着道理，万事万物皆有趣味"。

最后，我们再讨论一个话题。你是否踏入过科学的大门？你会如何利用和欣赏这个新奇美丽的地方呢？

这是一个极其重要的问题，因为有两条科学之路供你选择。如果你只是想要引人注目，那么你会努力通过考试，主攻奖项，成为班级里的佼佼者。但如果你还享受发现秘密的过程，渴望知道更多关于大自然的知识，并为它的魅力折服，你也会为科学本身而学习。获奖和成为班级里的佼佼者都是好事，这表示你很勤奋，能够在考试中拿高分也说明你的答案是准确的。但如果你仅仅是抱着这个目的而学习，就不要抱怨科学沉闷无趣、难以心领神会。你也许会感受到它是有用的，如果你准确无误地提问，大自然会告诉你答案。但她告诉你的是干巴巴的事实，就像你的问题一样。如果你不爱她，她也不会带你走进她的心。

这就是很多人抱怨科学枯燥无趣的原因。他们忘记了一件事：尽管学到准确的知识非常必要，毕竟只有这样我们才能够抵达真理的彼岸，但热爱所学的知识也同样重要，我们必须要触及客观事实下的灵魂。想要欣赏科学仙境的人必须以这种方式来热爱大自然。

钾和水发生的反应可以用化学方程式 $K+H_2O=KOH+H$ 来表示，与此同时还可以在脑海里想象出微小的原子相互碰撞、混合以产生新物质的画面，感受大自然的变化形态有多么奇妙。

学会辨别不同花朵，知道毛茛属毛茛科，其花瓣肆意飞扬、瓣瓣分明，雄蕊却不太能看得清晰，这是有用处的。而了解植物的生命，理解它们开出的独特花朵为什么对自身有益，它们如何吸收养分、结出果实，这会更让人愉悦。没有人喜欢枯燥的事物，我们都希望能够在科学中得到享受，所以需要赋予科学实实在在的意义，热爱科学所讲述的真理。

为进一步说明这个道理，我带来了一件纤弱而又美丽的作品——一根珊瑚枝。我们将引用教科书上关于它的描述，孩子们通过教科书来学习生词，比如"鹦鹉"，然后一遍一遍机械式地重复这个自己尚没有理解的词。

"珊瑚由身体呈辐射对称的动物组成，以其柔软身躯作为支撑，嘴向上张开，呈一排触须状。珊瑚由珊瑚虫在海洋中摄取碳酸钙分泌而成。由此，珊瑚微生物在温暖水域中建立群体的附着基或岩石结构，并在岛屿附近形成礁体或分界线，通常生长在海里水深45～55米的地方。从化学角度来看，珊瑚是石灰里的碳酸钙；从生物角度来看，它是动物的骨骼；从地理角度来看，它是温暖水域，尤其是太平洋中的特色。"

这样描述是正确的，如果你对这些科目足够了解的话，这个描述可以说是非常全面了。但你告诉我，这会让你喜爱我的这根珊瑚枝吗？你能想象出珊瑚虫的生存方式吗？

现在，与其死记硬背这一段枯燥的语言描述，不如参加关于"珊瑚与珊瑚礁"的讲座❶，用心去学习它的历史。想象珊瑚虫是海葵的一种，就像你经常看到的花朵。这些红色、蓝色和绿色的花朵从海岸边的水中探出触角，捕食海洋中的微生物，然后和海葵一样经由消化腔进行消化。你会学习到这种不可思议的果冻状动物将自己一分为二，变成两只珊瑚虫，或在侧边发出一只幼芽，然后长成一株珊瑚树或珊瑚丛；又或者看到它在内部孵化出带有纤毛的幼虫，再将其从口中吐出，幼虫的纤毛可以协助珊瑚游到新的栖息地。在这里，你将了解到红珊瑚作为骨骼动物和白珊瑚动物之间的区别，学习了这些知识后你将以新的兴趣来观察这根白珊瑚，因为你知道在它根上的这些像车轮辐条一样带有精美分格的小小杯状物

---

❶ 曼彻斯特科学讲座系列二中的第一场，由约翰·海伍德（John Heywood）举行于曼彻斯特的丁斯盖特141号。

曾经是珊瑚虫的家。每一只小珊瑚虫会食用石灰质中的碳酸钙，然后一粒一粒地把它创造成杯子形状，贴在珊瑚树上。

你一路跟随它来到太平洋，在这里，凶猛的海浪无休无止地冲刷着珊瑚树，小小的珊瑚虫战胜海洋的阻挠，筑起坚固的高墙。

图2　太平洋上的珊瑚岛

看看图2中那不可思议的环形岛屿，上面长满了棕榈树，岛屿中央有一大片湖。湖泊底部铺满蓝珊瑚、红珊瑚和绿珊瑚，它们在水中伸出触角，看上去就像美丽的花丛。岛屿周围类似的动物们看上去正被海浪冲刷着。这种岛屿完全是由珊瑚虫建立的。正如童话中那些仙女宫殿的奇幻之处，礁石慢慢下沉堆积的过程就像微小的珊瑚虫不断聚集形成珊瑚的过程。了解了这些知识后就可以研究实物了，如果你没有珊瑚可以研究，可以去博物馆观察陈列在玻璃柜内的美丽珊瑚样品❶。想象它们是由小小的珊瑚虫在翻腾的海浪中建造的，眼前的珊瑚便会变得鲜活起来，你也会喜欢上唤醒的思想。

---

❶　这些样品最终会被送往南肯辛顿地区。

　　人们经常会问：学这些有什么用？如果你到现在还没感受到被自然景象填满脑海是多么愉悦的事，那再多讲也是徒劳。然而现在这个时代，焦虑时常影响着我们的生活，我们难道不应该从自己的困顿中走出来，去看看身边美好的自然风光吗？你是否有时会感到疲惫或不快，想要悄悄从伙伴中逃走，因为他们快乐不已而你却黯然神伤？

　　接着来研究一下星星，看它们日复一日沿着自己的轨道前行时是多么平静；或者去拜访一些小花，问问它们想讲述什么样的故事；或者观察云朵，试着去想象风是如何拉着它们从空中飘过。一旦某人能够对一块光秃秃的岩石、大海中的一滴水、浪花激起的泡沫、墙上的蜘蛛、脚边的花朵或头顶的星星感兴趣，他就不会再过得漫不经心。这种兴趣会为每一个人打开科学仙境的大门。

　　另外，这项研究让我们知道宇宙万物皆有其规则和作用，同时也使我们更有耐心，特别是当我们意识到围绕在身边的一切自然事物都在悄无声息地工作时。学习光学，研究颜色、美和生命都如何依赖于阳光；注意到风和气流在全世界输送热量和水分时，表面毫无规律，实则井然有序；观察水悠悠地流进河里或汇入大海中。然后再思考每一滴水都被不可见的力量按照固定规律引导着工作，看植物在阳光下生长，了解它们的生活秘诀，研究它们的气味和颜色如何吸引昆虫。领会昆虫为何无法脱离植物而存活，或植物为何也离不开穿梭其中的蝴蝶或忙碌不已的蜜蜂。理解这一切都按照固定规则（尽管有时会遭受艰难困苦）而运行，从而诞生我们周围的精妙宇宙。

　　至此，说说看，你会为自己的生活感到害怕吗？即使它可能会经受一些挫折。你能忍住不去感受自然所遵循的法则吗？或者对制定规则来管理灿烂星星和小小水珠的势力提出质疑吗？这种力量也驱使植物汲取阳光，引导小珊瑚虫从激流中觅食，帮助花朵和昆虫相互适应，还将你的生活作为宇宙这台大机器的一部分进行锻造，所以这样你就只需去工作、去等待、去爱吗？

　　我们都依稀摸索到了这种隐形的力量，而热爱自然和研究的人不会感到孤独或不被喜爱。实际上，仅仅作为干巴巴的客观事实是枯燥乏味的，但大自然却满含生命力和爱意，她那毫不动摇的法则实则默默地起到了巨大的作用。你可以按照自己的意愿称之为看不见的力量，你可能会在满满爱意或坚定信念中依赖于它，或在虔诚缄默的敬畏中屈从于它。即使是生活在自然中并睁眼注视着它的小孩，也一定会对自然规律产生一些理解和想法。

光合作用

谁不热爱阳光呢？当你看到阳光在墙上活蹦乱跳、在大海的涟漪上洒下钻石般的耀眼光辉、在瀑布上打上亮丽的蝴蝶结时，怎能不让人感到心情疏朗？阳光对于我们来说难道不是弥足珍贵的吗？它已经成为愉悦和快乐的代名词。

你有没有在凌晨醒来过？四周一片漆黑，伸手不见五指。你静静地躺着，直到清晨的第一缕阳光渐渐从窗户潜入房间。起初你只能勉强辨别出家具的昏暗轮廓，接着便能分清桌子上的白色衣服和它旁边的衣橱，伴随着这些微小细节的变化，天色慢慢亮了起来。抽屉的把手，墙壁上的装饰，房间里物品的不同颜色变得越来越清晰，最后，你在日光中将这些东西看得一清二楚。

这里发生了什么？为什么房间里的这些东西会以如此缓慢的过程逐渐清晰起来？我们通常会说这是因为太阳出来了，但我们非常清楚太阳似乎并没有移动，而是我们所居住的地球在缓慢自转，当地球转动到某个角度，我们正好面向太阳，点点光斑就出现了，接着我们慢慢被阳光照耀。

拿出一个小小的地球仪，在英国的位置上粘上一块黑泥作为斑点，用电灯代表太阳。然后慢慢地转动地球仪，斑点随着背光面一起转动，隐匿在黑暗之中。直到一束光线第一次穿过地球仪的一侧，照亮了它的一角，愈来愈亮，最后整块斑点都沐浴在明亮的光芒里。这和你凌晨躺在床上，逐渐感知到光线的过程是一样的，我们所处世界中的光线就是如此运行的。如今我们有必要了解围绕着我们的阳光是什么，又会对我们有什么帮助。

想要知道这些，我们必须要先了解太阳本身，因为它是阳光的来源，如果太阳不是一个火球，而是一团黑暗物质，那就不会有这些令人愉悦、颜色明亮的阳光信使。若非我们每天都会转动到和太阳面对面的那一侧，我们会永远留在寒冷的黑夜里。这一刻你会想起我们在上一讲中提到的：热力把细小的水原子撕碎分离，让它们飘浮到空中作为雨再次降落。天气寒冷的时候，它们会变成雪，水也会凝结成冰。想象一下，如果太阳是完全黑暗的，天气会有多么寒冷，想必会比最冷的冬天还要冷得多，因为即使在天寒地冻的夜晚，也有一部分在白天被储存在地表的阳光热量释放出来，给予我们温暖。如果地球没有得到任何的温暖、没有水蒸发到天空、没有雨降落下来、没有河流涌动，那么植物就不会生长，动物也无法存活，所有水都会变成雪和冰，而地球会变成一个巨大的冰球，没有任何生物在上面活动。

因此，研究太阳是什么以及它如何给我们带来光明是相当有趣的。你觉得太阳离我们有多远？在某个晴朗的夏日，太阳端坐在天空之时，我们可以将它看得一清二楚，似乎只要坐上热气球飞上天就可以触及。我们知道，太阳距地球约 1.5 亿千米（准确地说是 149,597,870,700 米），如此庞大的数字以至于你都不能完全理解其概念。

想象自己在一辆特快列车上，车以约 97 千米的时速不停地向前行驶，在这种速度下，假如你想尽快抵达太阳，那你在几百年前就应该出发了。如果你在安妮女王统治早期就动身，经过乔治一世、乔治二世以及乔治三世漫长的统治时期，越过乔治五世、威廉五世和维多利亚时期，然后继续昼夜不停地按照特快列车的速度狂奔，几百年后或许你可以抵达太阳。

等到了那里，你觉得太阳会有多大？希腊哲学家阿那克萨戈拉（Anaxagoras）就曾因这个问题被同伴嘲笑，因为他说太阳和希腊南部的伯罗奔尼撒半岛❶一样大，后者面积相当于英国的米德尔塞克斯。如果他们知道太阳不仅比整个希腊都大，而且比地球还要大一百多万倍，该有多么的震惊！

地球本身相当大，大到英国在上面看起来就像一个小斑点，大到需要乘坐一个月左右的高速列车才能绕其一圈。但就大小而言，地球和太阳相比简直不值一提。因为地球的平均直径仅有 12,742 千米，而太阳的直径超过 1,371,161 千米。想象一下，就像切苹果那样把太阳和地球对半切开，然后将切开的地球铺放在太阳的切面上，你需要 106 个这样的地球切面才能将它铺满。这说明如果我们的地球被铺在太阳上会显得非常渺小，小到就像一串细小的珠子佩戴在太阳大大的表面上。像太阳这种大球体需要多少个地球这样的

---

❶　伯罗奔尼撒半岛面积为 21,439 平方千米。——译者注

"珠子"才能把它铺满?

要对太阳的大小有更加清晰的认知,最好的办法就是把它想象成空心球体,然后思考要用多少个地球才能填满这个空心球体?你很难相信,实际需要133.1万个地球紧紧聚在其中才能做到。假若有一位庞大的巨人可以在宇宙中穿行,收集和地球一样大的星球并将它们积聚在一起。起先他将10个这样的星球聚集起来,想想这该有多大!接着他把上百个这种10个一堆的聚合星球粘在一起,又将上千个这样的聚合物积在一起,直到集够百万个地球大小的球体,再把它们全部塞进太阳里。即使这样,也只能填满太阳四分之三的空间。

听了这些之后,你就不会再对太阳能够散发出如此巨大的光和热而感到吃惊了。它大到让人无法想象,实际上,英国著名天文学家约翰·赫歇尔(John Herschel)曾尝试为大家呈现答案。他发现,当一个石灰球被氧和氢的混合气体灼烧时会极度发热,给我们带来最耀眼的人造光,如果你凑近这束强光,眼睛会被灼伤。如果你想获得和太阳光一样强烈的光线,仅制作一个和太阳同等大小的石灰球是不够的,你必须把这个球做成146个太阳加起来那么大,或做成地球的1.46亿倍那么大,这样你才能拥有一个稍微像样的人造太阳。我们知道,太阳会散发强烈的白光,类似于石灰球所释放出的那种,同时四周还围绕着一圈灼热的气体。

太阳这个火球所散发出的光线能到达地球并不多,即便这样我们还能清楚地感受到太阳的热和光有多么强烈。看看屋子中央的灯,观察它的光如何从各个侧面倾泻到每个角落。取出一粒芥菜籽代表地球,因为芥菜籽对于灯泡来说就好似地球之于太阳。把它举起来,使之与灯泡保持一段距离,洒满房间的灯光中,照射在这粒

小芥菜籽上的光却寥寥无几。就像地球从太阳处获得的光线一样少，而就是这少量的阳光包揽了我们在世界上所有的工作。❶

你只需用一个放大镜把阳光对焦到一张牛皮纸上就可以了解阳光是多么强大而有力，因为它会把这张纸点燃。约翰·赫歇尔告诉我们，在好望角阳光的温度非常高，在太阳底下甚至可以用带有玻璃盖的盒子来煎牛排和煮鸡蛋。假如太阳是寒冷的，我们都会被冻死。同理，如果太阳把强有力的光和热都释放在我们身上，我们会燃烧起来，但有一种"罩子"可以保护我们，你猜它是什么做的？它被阳光拉起并由散发到空气中的细小水滴制作而成，它会阻挡一部分高温，让空气冷却到让人觉得舒适的程度。

至此，我们已经了解了部分关于阳光的强大来源地——太阳的距离、大小、光和热几个方面的知识。但我们并未离"阳光是什么以及它如何到达地球"的答案更近一步。

现在，假如我站在讲台上想要碰到你，有两个办法。第一个办法是我抛一个东西，让它划过你我之间的空间，然后打到你身上。第二个办法是我引起一阵剧烈的振动，让房间的地板震颤，你也会随之晃动，我就能跨过整个房间的距离触碰到你。但用这种办法，就没有东西从你我之间穿过，除了沿着地板发生的波动。再想想，我对你说话的时候，声音是如何传到你耳朵里的？不是我把什么东西从嘴里掷入了你耳中，而是依靠空气的运动。我说话时带动嘴边的空气进行振动，然后在远处的空气中形成一段接一段的波（我们将在第六讲中更全面地了解到），直到最后一段波触及你的耳膜。

如此，我们知道有两种接触远距离物体的方式：一种是投掷物

---

❶　约翰·赫歇尔在 1868 年科学主题演讲的第一部分就提到了相关内容和数据。

体去触碰它；另一种是向它发出波，正如案例中提到的振动地板和空气。

伟大的科学哲学家牛顿（Newton）认为太阳就是用上面的第一种方式来和我们接触的，阳光是由太阳抛掷的微小原子组成，这种原子和我们的眼睛发生了碰触。以此来理解我们为什么能够看到光亮、感知温度。就像眼睛挨上一拳后我们感到眼冒金星，当身体被狠狠地打一拳后会觉得发热。很长一段时间里，这种解释都被认定是正确的。如今，我们知道很多事情都无法用这个理论来解释，尽管我们没办法在这里——讨论。我们现在所做的是尝试获悉哪种关于阳光的解释是更科学的。

在牛顿发表这一观点的同时，一位名叫惠更斯（Huygens）的荷兰天文学家表示光源于太阳，并以微小波浪状的形式而存在，其传播方式类似于池塘中涟漪的传递。唯一的难题是解释这些波浪能够在什么物质中传播：不是在水中，因为我们知道太空中是没有水的；也不是在空气里，因为空气在离我们地球还有一段距离的地方就没有了。在我们和太阳之间，一定有什么东西比水和空气更能填补所有的空间。

现在，调动你的全部想象力，自行构思像《安徒生童话》（*Andersen's Fairy Tales*）中"皇帝的新衣"一样的无形事物，当然二者的不同之处在于我们所要想象的事物充满了生命力，尽管我们看不见也摸不着它，却因受其影响而知晓它。想象一下，我们和太阳及星星之间的全部空间都被一种精细的物质所填满。这种物质无形且还能穿过玻璃、冰块、木头或砖墙一类的固体，我们称之为

"以太"❶。我现在还不能告诉你为什么一定要设想出能在一切空间中穿行的物质，在能够自主研究之前，你需要先了解约翰·赫歇尔或克拉克·麦克斯韦（Clerk-Maxwell）对此的理解。

想象以太填满了每一个角落。此时如果飘浮在其中的一个大型物体开始骚动，将会发生什么事情？当围绕在太阳四周的气体原子产生猛烈撞击以释放光和热时，你难道不认为它们周围的以太一定发生了振动吗？以太从太阳弥漫到我们的地球和其他所有的星球上，这难道不像上述在我和你之间颤动的地板吗？

用一个装满水的盆子来代替以太，再取一块钾，用镊子把它夹入水中。你会听到嘶嘶的声音，看到它冒出火焰，激起波纹，波纹传递到这盆水中的各个位置。在此之际，你可以想象弥漫在太阳和我们之间的以太是如何以相同的方式进行传递。

以太从太阳的四面八方出发，以极快的速度前进，你追我赶，绝不停歇。就这样，这种极小的波夜以继日地在空间里传播。当英国在地球上所在的位置转到了背离太阳的那一面时，这些波就无法触及我们了。但只要英国一转动到面向太阳的一面，它们就会直冲陆地和水流并带给它们温度，或直击我们的双目，震颤我们的神经，以便我们能够看见光亮。抬头看看太阳，想象一下，使你眼冒金星的并非是一记重拳，而是数百万个来自太阳的波每时每刻都在你的眼睛上震颤冲击。这样你将很容易理解为什么你能持续地看见永恒不灭的阳光。

不过在日落之后，如若夜空晴朗，我们还是可以看见星光。星星也会途经遥远的距离，将波传递到我们身上吗？确实如此，因为

---

❶　以太是古希腊哲学家亚里士多德（Aristotle）所设想的一种物质。它是物理学史上一种假想的物质观念，其内涵随物理学发展而演变。——译者注

它们也和我们的太阳一样。只是它们离我们太远，传递给我们的光比较微弱，只有太阳的强光离开之后，我们才能注意到星光的存在。

你可能会问，如果没有人看见过这些波和组成它们的以太，我们凭什么说它们是存在的？这看上去是有点奇怪。然而，尽管我们看不见它们，但我们能够测量其大小，获悉每英寸❶的空间中可以容纳多少的波或以太。因为当这些微小的波在房间里径直穿梭时，如果我们在它们的途经地放上障碍物，它们就不得不围绕障碍物而行。如果你打开房屋遮蔽处，让一道很细的阳光照进屋内，然后将一根笔直的电线置于阳光中，实际上就是让波像河水绕着水中的竿子旋转那样绕着电线而穿行，然后它们在电线后面相遇碰撞，我们就可以看见它们。所以你可以在这根电线后面放一张纸来捕捉到波。如果它们是在一段平缓有序的波里相遇并一起上升，它们会一起前行，发出明亮的光。但如果相遇时它们很混乱，一个向上一个向下，它们会阻碍对方，光也就不复存在了，取而代之的是一道黑暗。接着你会发现它们并排排列成波段来制造黑暗或者光线，通过研究这些波段，推论出波的大小是有可能的。当然，要得到答案并不容易。但是你可以看到大的波会产生更宽的光和波段。通过这种方式或许就可以测量出其大小。

你认为它们会有多大？实际非常微小，5万个波才能填满1英寸的空间。我在黑板上画了一条1英寸的直线，接着我在这段距离的空气里进行测量。在这小小的空间里此刻竟有5万个微小的波在上下移动！我曾保证过，你会在科学事物里发现和童话故事中一样奇妙的世界。这些无法看见又永不停歇的阳光信使难道不像非凡的

---

❶ 1英寸≈25.4毫米

仙子吗？它们和仙子一样神奇，正如我们即将看到的那样，它们正在做着的工作和世界上所有事物息息相关。

接下来，我们试着去了解这些光波在空气中的速度有多快？从地球到达太阳要很久的时间，哪怕是一颗炮弹，走完全程也需要很多年，而这些微小的波仅用 7.5 分钟就可以走完这 1.5 亿千米的距离。此刻触碰到你眼睛的波是太阳几分钟前产生运动所造成的。记住，这种运动从不间断地发生着。这些波也前赴后继地快速前进以和你的瞳孔保持接触。它们的速度非常快，每秒钟有大约 6080 亿的波进入你的眼睛。

我们仍然没有获悉关于太阳的一切。我带来了一块有三个面的玻璃——三棱镜（见图 3）。如果我把它放在从窗户射进来的阳光下，会发生什么？看！桌上产生了一条美丽的彩色光带，我可以转动三棱镜使光带变长或变短，但其颜色的排列会保持不变。靠近我左手的颜色是红色，然后依次为橙色、黄色、绿色、蓝色、青色、紫色。当太阳在吊灯的玻璃吊坠上闪闪发光时，我们看见这些色彩在墙上跳舞。如果在一间漆黑的房间里打一束光，然后用三棱镜去分解它，你会把这些色彩看得更加清楚。这些色彩是什么？它们源自玻璃吗？不，不是的，你应该还记得曾在彩虹或肥皂泡里见过它们，甚至在露珠或池塘上的浮沫里也有它们的身影。这条绚烂的彩带依旧是光线，只不过它穿过玻璃三棱镜后被分解成了很多颜色，就像太阳光照射到水滴或池塘里的浮沫上那样。

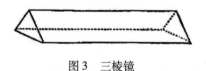

图 3　三棱镜

至此，我们的讨论仿佛都是以阳光是某种单一波的组成物为前提。事实上，阳光是由几种不同大小的波组成，它们均出自太阳，且一同向前传播。经过对这些不同波的测量，我们得知组成红光光波的波长比组成紫光光波的波长更大且更懒惰。

既然这些不同的光波会发出不同颜色，并反射至我们的眼睛，为什么我们无法一直看到彩色的光呢？因为它们通常会紧挨在一起前行，除非受到某种干预。所有的颜色只要以适当的比例混合在一起，就会形成白色。

我带来了一块圆纸板，上面依次画了太阳光的七种颜色（见图4）。当纸板静止不动时，你能够分辨出这些颜色，但当我快速旋转它时，纸板看起来是白色的。因为它们的转动速度太快，一瞬间我们看到的所有颜色都混在一起了。同理，你看见光是白色的，因为这所有颜色各异的光同时快速地在你眼前闪耀着。你可以很轻松地制作一张这样的卡片，但你做出的白色看起来总是脏的，因为你无法得到纯粹的单色。

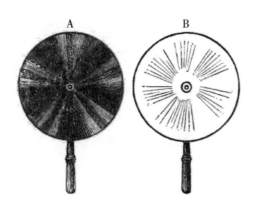

图4　七巧板

A：纸板上连续涂有七种颜色（此种以黑白印刷，不能显示出色彩）；

B：纸板快速旋转起来变成了白色

当光穿过三棱镜时，光波会分散开来，然后缓慢、笨重的红色光波落于后面，最后停留在墙上这根彩色光带的下端。与此同时，波长小且迅捷的紫色光波更大幅度地进行弯曲，奔向光带的另一端。而橙色、黄色、绿色、蓝色和青色光波按照自身波长的大小依次在红色和紫色光波之间排开。

现在，你可能迫切地想要提问，为什么速度快的光波让我们看到一种颜色，而速度慢的光波又使我们看到另一种颜色？这是一个很有难度的问题，我们还必须要学习大量关于光对眼睛影响方面的知识才能把它弄清楚。你可以换一种方式来思考，想象一下，色彩对于我们眼睛产生的作用就像音乐对于耳朵。你知道，当电波在耳膜上缓慢或快速移动时，我们可以分辨出不同的音符（我们将会在第六讲中了解到这个知识点），在视网膜上跳动的光波以同样的方式产生作用，然后让视觉神经抓取不同的信息输送给大脑。我们所看到的颜色就取决于每秒钟在视网膜上产生效应的光波数量。

你是否认为现在完全能回答"阳光是什么"这个问题了？我们已经了解到阳光是一系列微小迅捷的波，通过看不见的以太从太阳传递给我们，并且和每一个拦在它们道路上的物体保持不断的碰撞。我们还了解到，尽管这些波非常细微，它们依旧大小各异。所以单单一道阳光就由大量不同大小的波组成，它们一起向前穿行，由此，我们看见的光是白色的。当光波被分解开，我们才可以看见它们所散发的红色、绿色、蓝色或黄色。那么，如何使它们分散呢？光波还有哪些秘密？我们尚不能对此停止思考，但必须要先移步到另一个问题上来：阳光可以为我们做哪些事？

它能做两件事：赠予我们光亮和热量。仅靠它们，我们就可以看见一切事物。当房间一片漆黑时，你是无法分辨桌子、椅子甚至墙壁的。这是为什么？因为它们没有向你的眼睛传递光波。但是，当阳光从窗外一倾而下，照进屋内时，光波会触碰撞击房间里的东西，并将其影像折射到你的眼睛，就如海浪从岩石上弹回冲击过往的船只。光波落到并进入你的眼睛里，刺激视网膜和视觉神经，接着椅子或桌子的形象就被你的大脑所捕捉。看看这个房间里的所有东西，想想看，每一件东西都在你看向它时向眼睛发出不可见的波，由此你可以把我和桌子区分开来，这不是很神奇吗？

有些物体几乎不反射任何波，而是任由它们穿过自身，因此我们看不见它们。比如，一块透明玻璃，即使所有的光波都通过它，你依旧看不到它的存在，因为没有光的信使从它上面折射回到你眼里。于是，人们有时会看不见玻璃门，从而径直撞上甚至撞碎它。由于某些我们尚未发现的原因，在被以太波穿过的时候，组成这些透明物体的原子并未产生振动。例如，透明玻璃，光波在穿过它时，没有对其产生影响。而在一面白墙上，大部分光线会反射回你的眼睛，使原子运动并消除自身原本的振动。

波几乎不会穿过任何光亮的金属，而会从其表面反弹回来。所以一把钢刀或一只银勺看起来就极其光亮且非常清晰，水银也因为可以反射很多的波而被用于后视镜。另外，它不仅能够反射来自太阳的波，还能折射来自人脸上的波。所以，当你照镜子时，光波首先触碰到你的脸，再从你脸上反射到镜子里，接着再弹到你的视网膜，然后你就可以借助自己刚刚抛出的波看见自己的脸。

反射的光波能为我们做的可不止这些。它们不仅可以让我们看见各种物体，还能帮助我们看到它们各异的颜色。你也许会发出疑问：什么？这也是阳光的功劳？如果我们看到的颜色取决于折回我们眼睛里的大小波，那么我们一定会通过它们看到物体的不同颜色。例如，想象在树叶上跳动的一缕阳光，其一部分波折射到我们的眼睛，因此我们看到了叶子的表面，而另一部分波直接被叶子吸收、消耗并"囚禁"。红色、橙色、黄色、蓝色和紫色波均对叶子有益，它会把它们"关押"起来，不让它们溜走。但叶子无法吸收绿色波，所以把它们"扔了"回去，当绿色波传递到你的眼睛时，你就看见了绿色。所以如果你看见了一片绿色的叶子，说明它不想要来自太阳的绿色波，并把这些波折射给你。同样的，赤红色天竺葵不吸收红色波，这张桌子折返棕色波，一块白色的桌布几乎能把所有的波都反射回去，而黑色外套几乎不反射任何光波。这就是为什么当房间里光线很少的时候，你还能够看到白色桌布，却无法辨识任何黑色物体，因为仅有的微弱光线都被白色的表面反射给你了。

实际上，树叶、桌子、外套或天竺葵本身都是没有颜色的，但我们看到它们却颜色各异，你难道不好奇这是为什么吗？由于某些原因，这些物体只能向我们的眼睛折射某种特定颜色的波。

无论你在哪儿、看到什么，围绕在你身边的所有色泽、颜色、光线和阴影都是微小的光波所为。

再者，阳光照向植物时会做大量的工作，被其叶片所吸收的光线并非毫无意义，叶子利用它们消化食物并制作植物生长所需的树液，关于这一点我们将在第七讲中了解到。

失去了阳光的照耀，植物将变得枯萎。因为没有光波，植物就不能从空气中汲取养分，也无法生成所需汁液。在生长着植被和树木的美丽草地中，在玉米田和可爱的乡村风景里，你都能看见光波的杰作。它从早到晚地工作，为每一棵亟待生长的绿色植被赋予生命。

至此我们只谈了光线，现在把手伸在太阳下，感受阳光的温度，然后思考一波又一波的热量是否也在起作用。阳光中有很多波的传播速度都很慢，慢到哪怕它们撞击到我们的眼睛，我们也无法看见它们。但我们可以感受到它们的热量。要感受热波，最简单的办法就是把发热的熨斗放在脸边。你很清楚它没有发光，却真真切切感受到热波袭向你的脸，使之灼热不已。阳光里有很多这种不发光的热波，也正是因为它们使世界上大部分事物得以存在。

首先，热波颤动着来到了地球。热波把水滴抖动开来，因而水滴才能蒸发到空气中（这一知识我们将在下一讲中讨论），这些水滴又化成雨降落下来，形成水流在地球上漫步或涌动，比如河流。热波也令空气变热变轻，使之上升，变为风和气流，继而形成洋流。这些不发光的热波还会撞击到土地上，使之升温，从而帮助植被生长。此外，它们还负责维持我们的体温，通过阳光直射和植被间接反射热量的方式到达我们的身体。你一定记得植物在生长过程中需要消耗光和热，不管植物最终是被我们享用，还是吃掉它的动物被我们食用，在消化食物的过程中，植物先前从阳光中汲取的热量会回到我们的身体。往手上哈气，感受自己的呼吸，你所感受到的热量，曾经存在于阳光中，然后进入到你所吃的食物中，而今在你的体内维持热量。

不过这些植物还有可能用另一种方法来释放先前"囚禁"的光波，你是否记得我们在第一讲里提到的，即煤是由植物组成的？煤炭燃烧所释放的热量即此前被植物吸收储存的热量。想一想，煤起了多大作用。煤不仅可以为我们照明、保持室内温度，还能通过其热量和炭火为蒸汽机这类靠水运行的机器提供所需蒸汽，汽船在全世界来回穿梭也需要借助这种热力。同样，我们所使用的灯火也源于从树上提取的橄榄油，或是煤炭及地球上动植物的残骸。就连蜡烛也是由羊脂制成，而羊吃的是草。所以，不管是出自火、蜡烛、灯和煤气的光和热，还是用于驱动机器、火车和汽船的热能，均出自太阳所散发的光波之手。

最后，还有一些我们尚未提及的隐形波，它们不能作为光能，也无法散发热力，但并非没有用处。

在开始这场讲座之前，我把一张浸过硝酸银的纸放在了一块玻璃下面，然后在纸和玻璃之间放入一块花边，观察一下，我说话的时候，太阳做了什么？它将硝酸银分解并使之变成一种深棕色物质。阳光接触不到花边里的硝酸银，所以这部分依旧保留着原本的浅色，通过这种方式，在纸上我得到了漂亮的花边形印记。现在，我把这个印记浸入溶解了一些硫酸钠的水中，接着，印记会被固定，这样能阻止太阳再次作用于它，继而印记可保持清晰，我便能把它传给各位看看。波又一次起作用，但它在此既不是光也不是热，这些为我们呈现美丽印记的波，此时作为一种化学试剂而存在。大家可以在任何一家玩具店里买到这种现成的纸，然后利用化学波做出图片。但你一定要记住用专用溶液固定住它，否则化学光线会在你把花边拿开后继续作用，直至整张纸变成棕色，你想要的图案就会不复存在。

现在，告诉我，我们难道不能坦荡承认组成阳光的无形光波是奇妙的仙子使者吗？它们终日穿梭于太空，从不休息却未显疲态地为这个世界而工作。尽管我们在短暂的一小时内学到的只是皮毛，但你看了它们的美丽杰作之后，难道不认为它们值得你研究和探索吗？

古希腊人尊崇太阳，伟大的哲学家之一阿那克萨戈拉（Anaxagoras）就因为否认太阳是神而被处死。当然，在看到太阳为我们世界所做的一切时，我们不会怀疑它的神圣。但我们深知它是一个由气体和灼热物质组成的巨大球体，而非神仙。我们感谢太阳，也将报以新的兴趣去看待它。现在我们能够想象到它那小小信使——阳光在太空中飞驰，填满我们的地球；赠予我们光线，所以我们能看见万物；赐予我们色彩，因此我们能尽情欣赏；为空气和土地增温，制作清爽的雨……总而言之，阳光使世界充满生机和欢乐。

我们赖以生存的空气海洋

你是否曾在河边游玩，寻个安静的地方坐下，看鱼儿在水里慵懒地游来游去。小时候，我闲坐在泰晤士河边，看着小鱼在水里游来游去，产生了一个问题：为什么鱼儿生活在水里面，被水流和浪花推来搡去，我和其他人却生活在地球的"顶部"，而不是在某种"容器"里？我不记得是否向谁问过这个问题，当然就算问过，或许也没人能回答我，因为当时人们并不在意小孩子的问题。

在此我告诉大家，我们也生活在某种物体里，而且它经常"波涛汹涌"，就像鱼儿游泳的水一样。这种物体就是空气，我们没有察觉到它的存在，是因为我们置身其中，而且它是一种我们看不见的气体，而鱼所栖息的水是我们眼睛所能感知的液体。

但假定有一种生物的视力非常敏锐，能看到我们看不见的空气，他在地球外由上而下地观察我们的地球，他会看到有空气的海洋，这片空气海洋遍布整个地球，鸟儿在其间漂浮，人们在底部行走，就像我们自上而下看到鱼儿在水底滑行。事实上，他永远不会看到靠近地球表面的鸟儿，因为哪怕飞得最高的秃鹰，也只能到达距离地面8千米的地方，就我们目前所知，大气层至少有1000千米高。所以他可以把我们称为"深空生物"，就像我们所说的深海生物。我们可以想象一下，他在空气的海洋中垂钓，然后把我们其中一个从空气的海洋中拽出去，拉进太空里。他会发现我们不停地喘气，直至死亡，就像鱼被抓出水面后的反应。

这种生物会观察空气海洋中发生的稀奇事，看到我们称之为风的巨大气流，在他眼里就像我们所见的洋流。在接近地球时，他会看到薄雾形成后又消失，这就是我们说的云。他还会看到雨、冰雹和雪从云里降落到地面，时不时还会看见闪耀的光芒在空气海洋中穿梭，也就是我们所谓的闪电。彩虹、北极光和流星对我们来说位于高远的太空里，在他看来却离地面很近，所有事物都存在于空气海洋里。

但我们知道宇宙中没有这样的人存在，谁能告诉我们在看不见的空气中发生了什么？由于肉眼看不见空气，我们必须尝试借助实验和想象力。

那么，我们可以发现空气是什么吗？人们曾一度认为它是一种单一气体，无法被分离成一种以上的物质。现在我们做一个实验，展示空气主要是由两种物质混合而成：其中一种是氧气，任何东西在燃烧时都需要用到氧气；而另一种物质——氮气，主要用于稀释细小的氧原子。我拿来一个玻璃钟罩，其瓶颈处被木塞紧紧塞住，然后把它放进一盆水中，水中还放着一个小盘子，盘里装了一小块磷。在把玻璃钟罩放进水里的同时，一定数量的空气也被锁在了里

36

面。现在，我的目标就是要消耗掉玻璃钟罩中的氧气，只留下氮气。

　　要想实现这一目标，我必须点燃那块磷，因为燃烧的过程中会消耗氧气。我把木塞取出来，在玻璃钟罩内点燃磷，然后再把木塞塞回去。看，磷在燃烧时玻璃钟罩里充满了白烟（见图5）。这些白烟是磷酸，一种由磷和氧组成的物质。我们的魔法仙子——化学反应在此发挥了作用，它将空气中的磷和氧聚集在一起。

图5　磷在玻璃钟罩中燃烧

　　磷酸会像糖一样遇水融化，几分钟过后白烟就会消失。此刻它们已经融化了，玻璃钟罩内的水位正缓缓上升。为什么会这样？回想一下我们刚刚做了些什么？起先，玻璃钟罩里充满了空气这种氧和氮的混合物，接着磷的燃烧消耗了其中的氧气，生成白烟，继而白烟被水吸收，因此，玻璃钟罩里留下的气体主要是氮气，水位上升进入玻璃钟罩中以填满原本被氧气占据的空间。

　　可以明显看出玻璃钟罩中现在已经没有氧气了。拔下木塞，在玻璃钟罩中放入一个燃烧的灯芯，如果里面还残留氧气，灯芯会保持燃烧状态。但是，灯芯熄灭了，这说明其中所有氧气都被磷消耗殆尽。如果这个实验做得很精准，我们会发现每个单位的氧气都与四个单位的氮气相混合，因此，活跃的氧原子呈分散状飘浮在迟钝、不活跃的氮气中。

如果在玻璃钟罩中放入的不是磷块，而是老鼠，水位还是会上升到同样的位置，因为老鼠会吸入氧气，使其在体内消耗后与碳结合，释放出二氧化碳，这种气体也能溶入水中，最后使水位上升。

大家现在知道待在一个密闭的房间或晚上把头蒙进被子里睡觉会怎么样了吧？呼吸会让你消耗掉所有的氧原子，于是没有残留的氧气供你呼吸，除此之外你还会呼出二氧化碳，尽管它们看不见、摸不着，当大量吸入时会对人的身体产生影响。

也许你会说，既然氧气这么有用，为什么空气不是完全由它组成呢？想想看，如果空气中有如此巨量的氧气，当物体被点燃时，燃烧速度该是多么的可怕！由于吸入大量氧气，我们的体温会快速上升至高烧值，灯火会疯狂燃烧，火焰会迅速蔓延，地球上没有任何力量能够阻止它，一切都将被毁掉。因此，把氧原子分离开来的惰性氮是很有用的。即使在一场猛烈的大火中，我们也有时间在它从周边空气中吸取更多的氧气之前扑灭它。通常情况下，如果你能把火封在一个密闭的空间里，比如门窗紧闭的房间，它就会自动熄灭，因为空气中的所有氧气都被消耗掉了。

所以，我们把围绕在身边无形的空气构思成两种气体的混合物是正确的。但是，当我们非常细致地检测空气时，又会发现除了氧气和氮气外，空气中还含有少量的其他气体。

第一种是二氧化碳。我们吸入氧气，然后氧气与我们肺里的碳相结合之后生成的就是这种气体，最后从我们嘴里呼出。物体燃烧时也会释放这种气体。如果地球上生活的只有动物，二氧化碳很快就会把空气污染了，但植物可以吸收它。二氧化碳在阳光下会被分解，植物将碳消耗掉，然后把氧气送还给我们使用，这一点我们将在第七讲中了解到。

第二种是氨气。空气中有微量的氨气，而它也充满于嗅盐中，嗅盐作为液体时，也被称为"鹿角酒"。这种氨气对植物有利，我们稍后就会讲到。

第三种是水分。空气中还含有大量的水分。

不过，这些气体在空气中的含量都较少，空气主要还是由氧气和氮气构成。

了解空气的构成之后，接下来的问题是：为什么空气会在地球上停留？你应该还记得我们在第一讲中学过，一种气体的所有微小原子都会尽力飞离彼此，所以如果我打开气体的这个喷嘴开关，其中的气体原子就会逃离出去，然后气体会蔓延至整个房间，你将能闻到它的气味。那么，为什么氧原子和氮原子会停留在地球上给我们提供空气而不是直接飞向太空呢？

此时，你必须要找寻另一种看不见的力量，你还记得引力这一巨人的力量吗？它能够将一段距离内的东西吸在一起，比如地球上的氧原子和氮原子。由于地球很大很重，而空气中的原子很轻且易于移动，它们被引力拉拽并控制在地球上。然而大气从未停止飞走的尝试，用尽全力向上、向外攀升，可地球在竭力把它往下拉。

结果就是，在靠近地球的地方，向下的拉力非常强，空气原子被紧紧聚在一起，因为引力在这场争斗中获胜。而在离地球越来越远的地方，这种向下的拉力变得愈发微弱，空气原子迅速远远分离，空气变得稀薄。

空气在靠近地球的地方更浓厚或更密集的主要原因是，上层的空气在往下压。如果你有一沓叠纸，会发现下层的纸张比上面的纸张压得更紧。这和上述空气原子的道理一样。二者唯一的区别是，当纸张被叠放在一起时，你拿走上层的纸张，下面的纸张依旧保持紧密状态，但空气原子就不一样了，它很活跃并且总是试图飞离，所以在你取走上方的压力后，它们会再次迅速散开。

我有一把普通玩具气枪，假如我用软木塞紧紧塞住它，然后使劲把活塞往里推，就可以封住大量的空气。此刻原子被用力压在一起，但最后它们会过于拥挤，继而产生剧烈"反抗"，软木塞会因无法抵抗它们的压力而弹出。塞子被挤出来之后，这些原子就会再次自由穿梭于周边的空气中。正如我把空气一起压进气枪，地球上方大气层挤压空气原子并把它们紧紧"捆绑"在一起。和气枪内部空气对软木塞的方式有别，大气下层的空气原子不能对上层原子反向施压，它们不得不向压力"低头"。

然而，在一座离地面很近的高山山顶，大气含量更少，空气变得稀薄，这也是为什么人们乘坐热气球飞行时有呼吸困难的感觉。1804年，一位叫作盖·吕萨克（Gay-Lussac）的法国化学家乘坐热气球升到了离地面7千米的高度，从上面采集了一些空气。他发现在同样数量的空气中，这些采集的空气比靠近地面的空气轻得多，说明上方的空气更加稀薄，或者按照人们的说法，也可以称为"更稀少"❶。1862年，两位英国人——格莱舍（GLaisher）和考克斯韦尔（Coxwell）乘坐热气球飞到了将近9.2千米的高空，没有借助呼吸工具。不久，格莱舍的静脉发生肿胀，头晕目眩，然后就昏了过去。高空的空气太稀薄，让格莱舍感到窒息，对他的耳膜和身体里的静脉也没有产生足够的压力，如果当时不是考克斯韦尔迅速放掉

---

❶ 在靠近地面处，1638立方厘米的空气质量约为2克；而在距离地面7千米的高空，同样体积的空气质量仅为0.7克或其五分之二。

热气球里的一些气体，使它下降到更稠密的空气层中，格莱舍将会丧命。

现在另一个非常有趣的问题来了，如果空气在离地面越远的地方就变得越稀薄，它会在哪里完全停止呢？我们无法飞上天空找寻答案，因为我们在到达极限点之前就已经死亡了。很长一段时间里，人们都在猜测大气可能有多高——通常认为它不超过 80 千米。但随后，一些奇妙的天体带我们领略了大气高度的秘密，而起初我们并未想过它们能以这种方式为我们提供帮助。这些天体就是流星或者"坠落的星星"。

很多人都曾见过像星星一样的东西从天空中一划而过，然后消失不见。在一片布满星光的澄澈夜空中，你或许经常能见到这种亮光，因为平均每二十分钟就有一颗流星。这些天体不是真的星星，它们只是在空气中穿行的石头或金属块，与空气中的氧原子撞击起火而发光的。太阳四周围绕着许多这样的块状物体，当地球穿过它们的轨道时，它们会带着极大的力量冲过大气，变得白热，发出光，然后化为蒸汽消失不见了。有时，会有流星在融化之前就落入地面，加以研究后我们知道这些石头中包含锡、铁、硫、磷等物质。

当这些天体燃烧的时候，我们就可以看到所谓的流星了，要知道此时它们正冲撞着我们的大气层。如果现在有两个人相距 80 千米，分别站在地球的两个位置观察流星及流星陨落的方向，他们两人可以通过两个方向之间的角度，估算出最先看见流星距离地面的高度。因为在这个时候流星已经撞击了大气层，甚至已经在大气层中行进了一段距离，这样它们才能变得白热。通过这种方式我们可以得知，流星至少在距离地面 161 千米的地方开始燃烧，因此大气层至少有 161 千米厚。

　　我们要了解的下一个问题与"空气海洋"的重力有关。你应该很容易就能想到，这压在地球上的所有空气肯定很重，尽管它们随着高度的上升在变轻。事实上，大气层确实向位于海平面位置的陆地施加了大约每平方厘米1千克的压力。我手上拿着的这张亚麻纸，经过测量，正好是一平方英寸（约等于6.5平方厘米），它被平放在桌子上时，其表面负重约6.8千克。那么，为什么我这么轻易就能把它拿起来？为什么我并未感受到它所受的重力？

　　要想搞明白这个问题，你必须打起十二分精神，因为它很重要，而且在起初也不容易领会。你需要回忆一些知识点：首先，空气很重是因为它被吸到地球上；再者，空气可以膨胀，因为它所有的原子都具有向上的推力，由此来对抗向下的重力。所以，在空气中的任意一个点，比如我现在举起这张纸的位置，我没有感到压力，因为有多大的重力把空气往下压，就有多大的膨胀力把空气向上抬。我可以轻松把这张纸移动到其他方向，由此可见，来自四面八方的空气压力都是同等的，不管它是向上还是向下。

　　哪怕我把这张纸放在桌子上，这个结论依然成立，因为纸的下方也有空气。然而，如果我能够把空气从纸的一边抽走，另一边的压力就会显现出来。很简单，我把纸打湿，让它掉落在桌子上就行了。纸上的水会阻止空气进入纸张下方。现在，看一看！如果我想通过捏住纸张中间的细线把它提起来，是很有难度的，因为有6.8千克的大气重力都在往下压。还有一个更好的办法来做这个实验，就是把一块浸透的皮革放在地板上，瞧！我需要用尽全力才能把它拽起来❶。现在我将它放在这个小木板上，空气重重地挤压在上面，所以我提起小木板时，皮革并没有脱落下来（见图6）。

图6　被浸湿的皮革把小木板拉至悬空状态

你们试过从岩石上捡帽贝吗？捡过的同学就知道帽贝在岩石上吸附得有多紧，这跟皮革吸附在石头上是同样的原理。这种小生物把壳内部的空气耗尽，然后它上面的所有空气重力都压在了岩石上。

或许你会想，如果我们每一平方厘米的身体上都负载着1千克的压力，那会怎么样？我们不会被压坏吗？实际上，成年人身体足足承受着15吨的压力。如果我们身体里没有气体和液体向外施压，来平衡身体外部的压力，我们将会被压碎。这也是为什么我们感受不到纸张所受的压力，也是格莱舍在稀薄空气中发生静脉肿胀和陷

---

❶ 把绳子系在皮革上时，在皮革上所打的孔一定要非常小，绳结要尽量系得平直，最好在绳结下面放一块小的山羊皮。我第一次做这个实验的时候，这些步骤没有到位，所以不太成功，因为空气穿过小孔进入了皮革下方。

入昏迷的原因。在空中，他体内的气体和液体所产生的向外压力和在地面时一样大，但外部的空气却不再那么稠密，所以他的身体机能被扰乱了。

希望现在大家可以意识到空气向我们地球施加的压力有多沉重，也同样能理解它向上的膨胀力是怎么回事。我们可以用一个简单的实验来证明。我在这个平底杯中加满水，然后用一张卡片紧压在上面，接着握住杯口，把杯子倒过来（见图7）。你会自然而然地认为，我把手拿开后卡片会掉落，水会洒下来。但是，看！卡片并没有掉下来！它保持着原状，就像黏在了杯口，向上的空气压力推顶着它。

图7 大气压力使卡片与杯口紧紧相吸

现在我们准备测量看不见的空气。先来做一个实验。这儿有一个U形管，我往里面加5分满的水。你会看到U形管两端的水位一样高，因为空气对它各个表面产生的压力是一样的。我用拇指堵住一端，小心地把管子倾斜起来，让水流到拇指这一端，然后再把U形管放正。但现在，两端水位并没有恢复到同等的位置，它依旧停留在我拇指堵住的这一边。为什么？因为我的拇指阻挡了空气对这一端的挤压，空气的所有重力都压在了那一端的水上。由此可知，我们不仅可以看到空气有实实在在的重力，还能通过圆管中的水或其他液体能够保持平衡这一事实，来感知其重力所产生的作用。在皮革实验中，我们感受到了空气的重力，在这里我们看见了空气的作用。

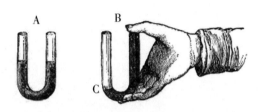

图 8　受到大气压力的 U 形管

A：U 形管中的水两端均受到自然大气压力；

B：仅使 C 端受到大气压力，U 形管中的水倾斜到一边

如果大家想要感知空气的重力，可以借助气压计，它的工作原理类似于上述实验的原理（见图 8）。一支普通的直立式气压计就是一根装满汞或水银的玻璃管，它被倒置在一小碗水银中。尽管这根长度超过 76 厘米的圆管原本装满水银，但当被放进这个碗里时，水银下降了，直到图 9 中 C 点的水银和 B 点的水银有大约 76 厘米的高度差。水银落下来时，在 B 点以上留下了一段空白的空间，叫作真空，因为这里面没有空气。现在碗中的水银和 U 形管中的水面临同样状况，在 B 点处没有压力施加于它，而碗中却有将近 7 千克的压力，所以它依旧停留在玻璃管中。

图9　倒置在碗中的水银柱

　　但为什么它在管中的高度不会超过76厘米呢？你一定还记得，它是被空气压在管中的。水银柱平衡了外部空气的压力，并对碗中的水银产生向下的压力，从水银柱开口处被挤压出去的水银所承受的压强与空气对碗中水银所产生的压强相同。所以碗和玻璃管的作用就像一对天平。当外部空气压在水银上时，它就是在天平一端等待称重的东西，而水银管的CB段位于天平的另一端，告诉你天平那端的空气有多重（见图9）。假如这个管孔的大小是边长为2.54厘米的正方形，那么管中76厘米的水银的质量约为6.8千克，因此我们得知每6.45平方厘米的外部空气质量也约为6.8千克。但如果管孔的面积仅为3.2平方厘米，那么76厘米的水银质量约为3.4千克而不是6.8千克，而大气压力也会减半，因为它所作用的表面大小仅为之前的一半，因此无论管子是宽还是窄，都不会改变水银的高度。在这支普通的直立式气压计中，气压管所在的水银碗隐藏在圆木片内，仅仅在圆木片的底部有一个小孔，空气就从这个孔进入到碗中。

现在，假设大气变轻了，就像它在湿度加大的情况下一样，气压计会立马对此做出反应。因为碗中水银所承受的重力变小，所以气压管中的水银没有被推得像之前一样高。也就是说，管中的水银会下降。

假如有一天，空气比现在轻得多，仅以每6.45平方厘米6.35千克（而不是原本的6.8千克）的重力向下压，那么水银会降到73.7厘米左右，因为每2.54厘米高度等同于0.23千克的重力。空气在湿润且布满水蒸气的状态下会变轻很多，所以气压计刻度下降时，我们预料会下雨。然而，有时候，让空气变轻是别的原因，所以就算气压计刻度下降，也不会下雨。

相反，如果空气变重，水银就会上升到76~78厘米之间。通过这种方式，我们能够测出这些看不见的空气重力，并得知它们何时变轻或变重。这就是气压计的秘密。我们暂时不讨论温度计，但我要提醒大家，温度计和空气的重力无关，只与热量挂钩，而且它的作用方式也和气压计不同。

我们对空气进行探索、实验，却没怎么讨论它的运动，也没感受它为我们带来沁人心脾的和风。

你试过在大风天赛跑吗？是否感受到空气那强烈的气息？它是如何撞击在你的脸上和胸腔，吹刮着你的喉咙，让你屏息的？与之抗衡是多么艰难！停下来休息一会儿，问自己一个问题：风是什么？为什么它时而出现在这里，时而又出现在别处，间接或完全消失？

　　风只不过是在地球表面运动穿梭的空气而已。它让树梢弯了腰，吹得房屋咚咚响，扬起船帆、推动船只航行，拉着风车呼啦啦地转，带走城市的烟雾，从钥匙孔穿梭而过，呼啸着俯冲进入山谷……为什么它不安静地窝在世界的各个角落呢？

　　大家记住，它安定不下来是因为它的原子始终被上层的空气重力紧紧地挤压在一起，当它们发现有更多的空间时，会抓住一切机会进行激烈穿梭，冲进空余的空间，这种冲刺的力，我们就称之为风。

　　想象一下，一大群活力满满的学生蜂拥进一个房间，直到他们被挤得几乎不能动弹，突然，一道大门开了，难道他们不会前赴后继地挤向外面的大厅吗？如果此时你挡住了他们的去路，很有可能会被推倒在地。同理，空气原子也是一样的。当它们发现前面有一个可以进入的空间时，它们会急匆匆地冲过去，如果你正好在它们面前，会难以与它们的力量抗衡，你需要抓住什么东西才能防止被吹走。

　　但是，它们是怎么来寻找能接纳它们的空间呢？在回答这个问题之前，我们必须再次回顾一下个子矮小却充满活力的隐形仙子——阳光。当光波倾泻到地球上时，它们所穿过的空气几乎未经加热。但是，地面就不一样了，在照射地面时，它们只需要穿过一段很短的距离，然后就被折返回去了。当这些光波被折返回去时，它们会致使靠近地面的空气原子分离、变轻，地面经过阳光加热后变暖，所以靠近地面的空气会比上方的空气更轻，这些空气会像软木塞在水中浮起来一样上升。大家知道热空气会从烟囱上升，如果把一张点燃的纸放在火上，纸会被空气气流抬起来，甚至，纸通常在还没燃烧的时候就飘起来了。同理，热空气会从火上升起来，它也会从加热的地面升腾到更高层的大气中。因此，下层的空气就变得稀薄，难以抵抗强冷空气的入侵，毕竟它们正挣扎着想要奔向自由。就这样，强冷空气蜂拥而至，填补了剩余的空间。

要理解风，最简单的例子可以在海边找到。在白天，由于阳光的照射，陆地变热，空气也被加热，变轻上升。同时，照射到水面的阳光会更加深入地进入水下，不会向空气折射大量热波，因此水面上的空气就会变得冷而重，它就会从海面冲到海岸，填补那些由于热空气上升而空出来的地方。这就是天气热的时候，海边却很舒适的原因。

白天，轻微的海风从海上吹向陆地，几乎从不停歇。然而，当晚上到来时，陆地上的空气变冷，白天的光波也没有被存储起来，所以陆地的热量迅速消失。反观海洋，它把光波囤积在深处，现在正将热量释放到海面上的空气中，海上的空气层变热上升。因此，晚上这股来自陆地的冷空气会传向海洋，你就能感受到风从陆地吹向海岸。

此外，海上有种风被称为"信风"，它常年不断地吹向赤道，这是为什么呢？原因在于，赤道附近的光照非常强烈，热空气总是在那里上升，为冷空气创造可以进驻的空间。我们没有时间和空气一起长途旅行，尽管它们的旅途充满趣味。但是，当读到关于春风和其他风的文章时，你要不断地想象空气在加热、变轻、上升，冷空气在扩散，并冲进热空气腾出来的空间。我可以向大家保证，通过这种方式，你们会发现学习气流的知识并没有大多数人想象的那么枯燥乏味。

大家现在对空气海洋有一定的印象了，我们能够想象活跃的氧原子飘浮在氮原子中，每一支蜡烛烛火、每一个煤气喷口、每一个生物都时刻在消耗着氧气，然后，经过消耗的氧原子迅速与碳原子结合，生成二氧化碳。我们再想象一下，树木和其他植物把二者分离，然后快速抓住碳原子，并把看不见的氧气反弹回空气里，为其新一轮的工作做准备。我们可以勾画出所有空气原子的样子，无论是氧原子还是氮原子，都被紧紧挤压在地球表面。来自上方的重力越来越小，这些原子的距离也就越来越分散，我们只能在它们和飞行的流星擦出火花时，才能发现它们的存在。我们还可以感知到帽贝被压在岩石上的巨大空气重力，通过实验还能看到空气把气压计中的水银升上去，由此我们可以测量它的重力。每一缕吹过我们的风都在向我们诉说着空气是如何在地球表面不停移动的。想想在它路过拥挤不堪又受到污染的城市时，带走了多少有害气体和有害物质，单单从这一方面来说，它就为我们作了巨大的贡献。

即使说了这么多，大气的许多美丽之处依旧还未被我们提及。飘浮在空中的微小粒子散播着阳光，使它可以传递到各个角落。这些光线通常呈直线传播，在一间昏暗房间里，除了阳光照射的地方，其他地方都没有光亮。但是，在地球上，光波会和大量的空气粒子相撞，然后折射到房间的角落或暗道里。所以在白天，无论我们到哪儿，光线都会在我们身边散开，而我们利用望远镜看到的月球表面却有深黑色阴影。

另外，空气原子中电子的运动，为我们带来了灿烂的闪电和壮观的北极光，甚至星星的闪烁也完全是因为空气中的微小变化造成的。如果没有空气海洋，星星会一直盯着我们，而不是眨巴着眼睛对我们微笑，这可是我们从小就喜爱的场景。

不过，我们需要把这些问题暂时放一放。我唯一希望的是，在条件允许的情况下，你能够发自内心地去读一读，然后睁开眼睛，去了解一下它们的秘密。到目前为止，如果我们能够在脑海中勾勒出这个在我们地球四周扩散的空气海洋，以及它为我们所做的一切，那么我们一定会感到很满足。

　　我们在上一讲中说道，没有阳光，地球会变得冰冷又黑暗。但如果有阳光却没有空气，灼热会与黑暗、冰冷并存在地球上，而且不会再有柔和的光；其他星球上的生物或许会觉得我们的星球看起来很美，就像我们看月球一样，然而对地球本身来说，却不会有多少美感。而有了阳光和空气，美丽的事物就不胜枚举了。但是，我们的星球想要活力盎然，还需要第三位工匠——水。下一讲中，我们将学习水滴在旅行过程中产生的作用。

第四讲

旅途中的一滴水

今天，我们要跟随一滴水一起去旅行。

如果我把手指伸到一盆水里再拿出来，我会从盆里带出一颗晶莹的水珠。说说看，这滴水去过哪里？它经历过什么变化？在地球表面停留了这么长时间，它做了些什么？现在它是一滴水，但在我把它从盆里举起来前，并不是这样，它是一片水体的一部分。如果我让它落回盆里，它会再次成为这盆水的一部分。如果我把这盆水放在火炉上直至盆里的水全部蒸发，那么刚刚那滴水去哪儿了？在又一次出现在雨云里之前，它会以什么形式存在，河流还是晶莹的露珠？

以上就是我们今天要解答的问题。要轻松理解水是如何旅行的，我们必须先回忆一下之前学的阳光和空气，用想象力在脑海中清晰刻画出这样的场景：无数光波昼夜不息地穿过太空，尤其是那些波长更长、速度更慢的暗淡热波。记住，是这些波让空气分离变轻，而在它们的旅途中，输送水分是最忙碌的一环。还不止这些，光波可能还会随心所欲地振动水滴，把它们转化成看不见的水蒸气，但如果没有风和空气海洋中的气流，它们无法把水蒸气带到高空，气流吸收水蒸气，然后把它吹到世界各地。

我们试着理解一下，光波和空气这两种隐形的力量如何作用于水滴。在一个酒精灯上，烧着一只水壶，现在请大家仔细观察接下来发生的事。首先，如你所知，在酒精灯的火焰上，从下面蹿上来的酒精原子与空气中的氧原子发生碰撞，造成热波和光波绕着酒精灯迅速移动。光波无法穿过水壶，热波却可以，它们进入水中，剧烈搅动着壶里的水。很快，水壶底部的水粒子迅速移动，被分裂开来。接着它们会变轻上升，穿过上层更冷的水，让另一层冷水下降得以加热。在这个过程中，这种运动会越来越剧烈，使得水越变越热，直到最后水粒子被撕成碎片，化为看不见的水蒸气逃走。如果水壶是透明的，大家不会在水面上看见蒸汽，因为它会以看不见的气体形式而存在。但当蒸汽从壶嘴涌出，大家会看到一团"云朵"。为什么会这样？因为蒸汽在进入冷空气时会冷却，它的微粒会再次凝聚成细小的水滴，廷德尔博士（Dr. Tyndall）为它取了"水尘"这一贴切的名字。如果你拿一个盘子举在水蒸气上方，就可以抓住这些小水滴，尽管在被捕捉的时候，它们会前赴后继地撞作一团。

飘浮在空中的云和水壶喷嘴喷出来的云都是由同样的水尘组成的。我想给大家展示一下，水壶里看不见的蒸汽也是一样的。我将做一个由廷德尔博士提出来的实验。这儿还有一个酒精灯，我把酒精灯放在蒸汽云下面，看！蒸汽云不见了！水尘一经加热，热波就会再次把它分离成看不见的微粒，飘浮在房间里。就算没有酒精灯，你也可以确信水蒸气是肉眼所发现不了的。因为在靠近壶嘴的位置，蒸汽云生成之前，你会看到一段空白空间。这个空间里一定有蒸汽，但它温度太高，以至于你无法看见它。这就证明了热波可以将水摇散振碎，在你眼前把它带走，你却看不见这一切。

尽管我们永远无法看见水从地面升向高空，此刻我们却知道这正在发生着，因为水会再次化成雨水降落，所以它肯定悄悄上升到天空了。让这些水隐形的热量从何而来？不像刚刚实验中的水壶，这里的热量不是来自下方，而是从太阳里一倾而下。不管光波接触的是河流、池塘、湖泊、海洋，还是冰原或雪地，它们都能带走水蒸气。光波俯冲下去，穿过最高层的水，然后用力把水粒子振碎撕开。在这种情况下，水滴更容易在变得灼热之前分散开来，这是因为，和在水壶中不同，它们没有背负大量的水，所以可以在大气原子之间的间隔中找到许多空间来自我安置。

你能想象出这些水粒子上升并与空气原子相互纠缠的模样吗？它们很轻，比大气还轻，当大量水粒子穿梭到池塘上方的空气中时，它们会比上面的空气层更轻，这使得它们上升，同时上方较重的空气层降到下面吸收更多的水蒸气。

每天，光波和空气就通过这种方式携带水分，从早到晚，从湖泊、河流、水池、喷泉、海洋，甚至是冰块和积雪的表面把水带走，没有手忙脚乱，没有吵吵嚷嚷，没有任何标志，地面上的水就这样被悄悄地带上了天空。

经过计算，在一天一夜的时间里，印度洋每2.54厘米（1英寸）深的水里，就有四分之三的部分从海面被带走。所以在一年内，足足有670厘米（22英尺）或两层普通楼房那么高的水悄无声息地从印度洋海面蒸发。没错，印度洋确实是地球上温度很高的地区之一，在这里，光波最为活跃。但即使是在英国，夏日也会有大量的水蒸发。

那么，这些水变成了什么？让我们追随它爬上天空一探究竟。首先，我们想象它从海洋中带走一层又一层的湿润空气，直到远远超过我们的头顶和最高海拔地区。但现在，想想看，和地面渐行渐远时，空气经历了什么？大家还记得吗？空气原子总想着分散，是上层空气的重力把它们压在一起无法动弹。然而，当这种载满了水的空气上升时，就不再有那么多的空气原子挤在一起，它们会开始分散，过程中的每一步都需要消耗热量，因此空气会变冷，然后大家马上就能知道看不见的蒸汽经历了什么——它会形成细小的水滴，就像从水壶里喷出来的蒸汽。空气上升变冷，蒸汽聚积形成隐形的团块，我们就可以看到悬在天空的云朵。这些云与地面的距离最高可达 16 千米（10 英里），不过如果它们构成沉重的水滴，这些云就会低低地垂着，有时它们距地面可能仅有 1.6 千米（1 英里）。

大家可以在回家的路上抬头观察云朵，想想组成它们的水都是通过空气悄悄蒸发上升的。我们知道，空气随着风在全世界旅行，并冲进因为空气上升而空出来的地方，所以构成这些云的水蒸气可能来自地中海或墨西哥湾美国海岸处等任何地方。如果风从北方吹来，它们甚至可能是格陵兰冰雪表面上的寒冷水粒子，被气流搬运到了这里。我们唯一可以确信的是，这些水来自地球。

有时，如果空气温暖，这些水粒子或许会在行进很远时仍然没有形成云朵。在万里无云的大热天，空气中通常也会饱含看不见的水蒸气。当一阵寒风袭来，空中的水蒸气冷却，形成大片大片的乌云，天空会变得阴沉灰暗。其他时候，云就慵懒地挂在明净的天空。这一切都告诉我们，云所在的地方，空气是冷的，冰冷的空气会将隐形的水蒸气从地面抬起，使之变成有形的水尘，所以我们可以看到它作为云的形态而存在。这种云通常形成于温暖又安静的夏日，底部呈一条直线，样子像极了一团一团的羊毛（见图10）。它们不仅会高悬在空中，还会停留在从地面向上延伸的高大隐形蒸汽柱上。云下的这条直线标志着空气开始变冷，冷到足以把看不见的蒸汽转化成有形的水滴。

图10　蒸汽向上攀升进入冷空气层，形成云层

那么现在，假如这种云或任意一种其他的云在头顶上空盘旋，恰好又吹来一股寒冷或载满蒸汽的风。风穿过云时，云会充满水气，因为如果云被它冷却，水尘就会挤压得更加紧密。又或者，如果风带来一团新的水尘，空气就会超负荷。在任何一种情况下，都有大量的水粒子被释放，而我们的"凝聚力仙子"会立马抓住它们，把它们凝聚成大的水滴。然后它们就会变得比空气更重，无法继续飘浮，从而化成阵雨降到地面。

也有一些其他的办法来冷却空气，形成降雨。例如，当一阵饱含湿气的风攀升到寒冷的山顶时，也会下雨。因此，面向孟加拉湾的印度卡西亚山脉，会冷却经过此地的印度洋空气。潮湿的风被推向山的四周，空气膨胀，蒸汽冷却形成水滴，然后变成倾盆大雨落下来。胡克（J. Hooker）爵士告诉我们，在 9 个月内，这些山上的降雨量达到了 1270 厘米。也就是说，如果你能测量出这里所有下过雨的地面，并把整整 9 个月的雨洒在上面，就会形成一个约 13 米深的湖泊！山那边的地区几乎没有降雨，当然你不必为此感到惊讶，因为在到达这些地方之前，空气中的所有水分都被带走了。

再比如：从大西洋吹向坎伯兰和韦斯特摩兰的风里充满了水汽，而吹向奔宁山脉时，它就卸下重荷，下起了大雨。因此，英格兰的湖泊区域是最多雨的地方，不过威尔士是个例外，因为这里的高山地区降雨量也很大。

这样一来，被太阳从河流和海洋中掠夺，而后又被空气携带在身上的水经过在世界各地的长途跋涉之后，由于不同的原因，又重新回到我们身边。但这些水并非总是直接回到河流和海洋里，其中很大一部分降落到地面，不得不顺着斜坡浸入地下。在回家的路上，它经常在触及大片水域之前就被抓获。

在任何一片未经开发的土地上都覆盖着杂草和其他植物。如果挖开一小块土，你会发现许多细根在土地下向四面八方蔓延。这些根都长着海绵状的嘴，植物通过它吸收水分。现在，想象水滴落在地面上，然后渗入地下的画面。四处都有植物的根迫不及待地张着嘴巴等着吮吸它们，并把它们传递到茎部和叶片。我们将在第七讲中看到，这些水会被加工成植物的养料，只有当叶子中的水分超过了它所需的量，一些水滴才有可能从叶片下方的小口子逃出来，然后再次被阳光捕获，成为空气中看不见的水蒸气。

另外，大量的雨水会落在坚硬的石头上，水渗不进石头里，于是就汇成小小的水塘，直到再次被打散成水蒸气带到空气中。不过它可没有闲着，哪怕它还没有被携带到上空聚成云朵。我们真得好好感谢空气中这些看不见的水蒸气，白天它们帮助我们抵御太阳高温的伤害，晚上又保护我们远离寒冷霜冻的侵犯。

想象一下，我们可以看到一切太阳和地面之间的已知事物。首先是以太，阳光穿行于其中，然后以巨大的力量撞击地面，使得沙漠像燃烧的火焰一样滚烫。然后是飘浮在以太中、主要由氧原子和氮原子构成的大气，它把细小的光波由原本的轨道折射到其他方向，但大气很少阻碍光波前进，这也就是为什么在一些气候干燥的国家，阳光会如此强烈而粗暴地照射着地面，任何东西都不能与之抗衡。最后，我们可以看到，在气候潮湿的国家，有更大却依旧无形的蒸汽粒子悬在空气原子中，而此时，虽然这种水粒子的数量很少（仅占整个大气的4%），但实实在在可以阻碍到光波的脚步，因为它们非常需要热量，哪怕光波可以轻而易举地穿过它们，它们也能捕获到光波来帮助自身扩散。所以，当空气中存在看不见的水蒸气时，来到我们身边的阳光就会丧失一部分热波，我们也就能够站在太阳下而不会被晒伤了。

这就是水蒸气在白天保护我们的方式，而到了晚上，它起的作用更大。白天，地面和近地面的空气把倾泻到自己身上的热量储存起来，到了晚上太阳落山之后，这些热量会再次逃出来。现在假设空气中没有水蒸气，这些热量将迅速冲回太空，从而导致地面变冷起霜，甚至在夏夜也不例外，长此以往，除了最耐寒的种类，别的植物都会被冻死。在白天形成一层保护罩来抵御太阳的水蒸气，晚上会筑起一座防护墙阻止热量逃逸。它把热波锁住，只允许它们缓缓地从地面向上爬行，从而为我们制造出一个温暖舒适的夏夜，同时也保护着所有的生灵，使之免受寒冬的摧残。

起初大家很难想到，正是这层蒸汽屏障决定着地面是否有露水。大家是否思考过为什么会有露水？或者是谁负责把亮晶晶的水珠抓到草叶上？自行构想一下，在一个非常炎热的夏日，地面和草坪都很暖和，太阳挂在万里无云的澄澈天空中，被储存在地面的热波弹回到空气里，一部分被水蒸气贪婪地吸收，剩下的部分继续缓慢上升。草地释放热波的速度尤其飞快，因为草叶又细又薄，几乎全是表层。正因为如此，草地释放起热量来要比从地面吸收热量快得多，继而冷却。这时，停留在草地上方的空气充满了看不见的水蒸气，这些水粒子在碰到草叶上的寒气时变冷，于是无法再各自分散着飘浮，而是被一起吸在叶子表面，变成水滴。

我们很容易就能做出露珠。有一瓶水，把它放在窗外冷冻结冰，在我把它拿进温暖的房间后，可以看到瓶子上迅速蒙上一层薄雾。这层雾就是由水滴构成的，而水滴来自这个房间的空气中。因为起冰的玻璃瓶冷却了它周围的空气，所以这些空气把看不见的水蒸气聚成了水珠。冰冷草叶上方的空气，窃取其中的水蒸气，用的正是相同的方法。

但是，试着做这样一个实验，在某个露水浓密的夜晚，找一块薄布铺在一块草地上，用木棍撑在四个角，做成一个雨棚。或许周围的草已布满露水，但被你盖住的这一片草地上却几乎看不到它的痕迹。这是因为，薄布阻止了从草地升起来的热波，于是草叶得不到充分冷却，无法把水珠集聚在表面。

夏天的清晨出门走走，看看结在树篱上的蜘蛛网，你会发现上面挂着大量的水珠，如钻石般闪闪发光。但叶片下面就没有水珠了，蜘蛛网虽小却足以锁住热波，保持叶子的温度。

大家会发现石子路上没有露珠，这是为什么呢？因为石子从地底下吸收热量的速度和释放热量的速度一样快，所以它们不够冷，无法冷却接触到自己的空气。多云的夜晚，你通常见不到露珠，甚至连草叶上也没有。因为厚厚的云层会把热量折回地面，草叶就冷却不到可以把水滴集聚在叶子表面的程度。但如果经过了一个炎热干燥的白天，植物非常缺水，而被雨水浇灌的希望也不大，它们晚上就能从空气里抓住小水滴，赶在太阳升起前将这些小水滴"一饮而尽"。

不过，雨滴的神奇经历还不止上面说的这些。到目前为止，我们对水滴的想象都局限在温度足够合适的情况下，它能保持着液体状态四处旅行。但是，假如在被吸到空中时遇到一股足以把它冰冻起来的冷风，如果掉进这股冷风里时它已经是水滴了，那么此时它会变成冰雹。冰雹通常会出现在炎热的夏天，因为雨滴落下的时候会穿过一阵刺骨的寒风，然后被冻成圆形的冰滴。

但如果水蒸气遇到寒冷空气时仍然是看不见的气体形态，它的经历就会大不相同。这时，普通的凝聚力仙子就没有办法把水粒子变成"水球"，取而代之的是另一位仙子——结晶力，结晶力仙子把水粒子凝成漂亮的白色雪花撒向地面。大家可以在脑海中构想出这个画面，因为一旦对创造这种水晶的奇妙自然力量开始感兴趣，你们将会感叹于自己身边出现这种力量的频率有多高，以及它会为我们的生活增添多少乐趣！

所有物质粒子在自由且不奔忙的时候，都能形成晶体。如果把盐溶到水里，然后等水慢慢蒸发掉之后，就可以得到盐结晶——美丽透明的立方体盐块，全都呈现出同样的外观。同样地，糖也是这样。大家观察普通糖果的尖顶，就会看到糖结晶，甚至在普通结晶红糖里都能找出同样的形状，或者利用放大镜在一块白糖里也能看到它们。

　　能形成晶体的不仅仅是像糖和盐这种易于溶化的物质，美丽的钟乳石石窟由石灰石晶体构成；钻石是碳结晶，在地球内部生成；矿物晶体，你们所熟悉的或许是它的另一个名字"爱尔兰钻石"，其实是石英结晶。因此，玛瑙、蛋白石、碧玉、红玛瑙、火山岩和许多其他宝石之间的颜色稍有不同。铁、铜、金和硫在熔化和冷却后会慢慢形成晶体，各自都有独特的形态，在这里我们发现一种奇妙的规律，如果还未经证实，我们做梦也想不到这一点。

　　如果你有显微镜，就可以亲自观察晶体的形成过程。将硝酸钠化在水里，直到水不能再溶解更多。然后从中取几滴放在温热的玻片上，再置于显微镜下。水滴蒸发之后，你就可以看到玻片上那长而透明的针形硝酸钠，注意这些结晶的生成是有秩序的，它们均匀又规律地把粒子一个一个从外部添加上去，这和动物吃东西时不一样。

　　为什么晶体的形成过程有条不紊？我们对此能有什么认识吗？廷德尔博士说过"能"。我希望可以借助小磁铁棒向大家展示博士的解释。一块白纸板上有一些铁棒，我已经把它们在磁铁上摩擦过，直到它们自己也具有吸力，我可以用其中任何一根铁棒来吸附和提起一根针。但如果我想用一根铁棒提起另一根铁棒，那么只能通过把合适一端的端口对在一起才能做到。我在每个磁铁的末端绑上了红色棉线，如果两个绑着红线的磁铁端靠在一起，它们会分开而不是互相吸引。相反，如果这两个被放在一起的磁铁端，一个绑了棉线，一个没有，那么这两根磁铁就会吸在一起。这是因为，每块磁铁都有两个磁极或磁点，它们的性质完全相反，为了便于区分，我们把一端称为正极，另一端称为负极。当把绑着红线的两端，即两个正极靠在了一起，它们就会互相排斥。看！我手里的这根磁棒向另一根磁棒的反方向远远跑去了。但如果我把红色的一端和黑色的一端放到一块，也就是正极和负极靠在一起，它们就会相互吸引。我要做一个三角形（见图11），把三根磁棒首尾相接，让红色端和黑色端靠在一起。看，三角形的三个边黏住了。但现在，如果我把底下这根磁棒拿起来完全转个方向，于是两端红色和两端黑色挨在一起，这根磁棒会被另外两根磁棒推开，从白纸板上滚下去。如果我把这些磁棒打成1000个小碎片，每一片仍然会有两极。如果把这些碎片随意堆放在一起，让它们能够自由移动，它们会以不同的极吸在一起的方式自行排列。

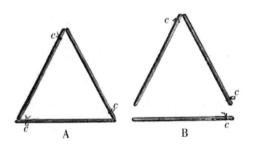

图11　磁棒相互排斥和吸引（c：绑在磁铁正极的棉花）

　　大家现在开始想象，所有结晶物质的粒子都有和磁铁类似的两级，然后再想象一下，用于分开这些粒子的热量被抽走，于是它们紧靠在一起，利用两极的吸力自行排列了起来，创造出漂亮又规则的图案（见图11）。

　　如果我们能够飞上云端看看结晶力仙子正在这里发挥的作用，就会发现严寒大气中的水蒸气粒子被塑造成了小小的固态雪结晶。如果在下完雪后你出去走走，细细品味雪景，你会看到雪花不光是一块块结了冰的水，还是好看的六角星结晶（见图12），它是如此洁白，以至我们在形容某个东西洁白无瑕的时候，会说它"白得像雪一样"。一部分雪花仅呈现出六条边的平直片状；还有一部分像是从中心向外冒出六个刺或尖的星星；还有的雪花长着六个尖，每一个都像一株精美的蕨类植物。现在为止，已经发现的雪花图案至少有 1000 种不同的样式。不过，尽管样式如此之多且各不相同，这些图案依旧建立在六个角和六条边的基础上，并且都是耀眼的白色，这是由晶体表面反射光线以及内部填充着微小的空气气泡所造成的。这就是雪在你手上融化后只留下一点点脏水的原因，晶体消失，被囚禁起来作为反光镜的空气气泡也就随之不见。白霜也由细小的水结晶构成，只不过这里的水是挂在草叶和树木上的露珠。

图 12　雪结晶的各种形状

那么冰呢？大家会说冰就是被冻住的水，但它只是一个透明的块状物，在上面看不见结晶。在此，廷德尔博士又一次给予我们帮助。他表示，在艳阳天，用一面放大镜观察冰的表面，你会看到许多不发光的六条边星星，就像被压扁的花瓣，而且每个星星的中央都有一个亮点。冰融化时呈现的这些花纹（见图 13），是晶体正在融化成水，而中间的亮点是空心气泡，因为这种由水形成的花没有像结晶生成的冰那样填满空间。

图 13　融冰中的水花——廷德尔的实验

　　由此我们注意到，冰比水占的空间大，所以水管在霜冻严重的情况下会破裂，水结冰时会大力膨胀，管子就撑爆了，冰解冻之后会再次融化，水就会顺着裂口流出来。

　　要理解冰为什么需要占用更多空间并不难。因为大家知道，如果要把砖块的末端相接摆成星星状，我们必须要在砖块之间留下一定的空间，不能把它们紧紧地并在一起。当巨大的结晶力阻止了冰水原子生成星形时，固体冰必定比液体水占的空间更大。当星形融化时，这个空间就会以亮点的样子在中心显现出来。

　　至此，我们已经见过了水滴的不同形态：看不见的气体、看得见的蒸汽、云、露珠、白霜、雪和冰。也在短时间内看过了它的旅程，不仅仅是上下起伏着流动，还环绕着世界漂移。

　　我们首先到作为蒸馏厂的海洋或是水在最纯净的状态下被悄无声息地吸到空气里的地方，主要是热带海洋，因为这些地区常年被阳光最直接地照射，并发射热波把水粒子震碎。实验表明，0.45 千克（约 1 磅）的水转化成蒸汽所需的热量和融化 2.2 千克（约 5 磅）的铁所需的热量差不多。大家来思考一下，铁融化起来有多困难，哪怕被放在烈火中，它仍然保持固体形态。这能帮助你们认识到太阳必须洒下多少热量才能带走热带海洋上源源不断的蒸汽。

此时，所有这些蒸汽都被抽进空气中，大家知道它们中的一部分会在高空被冷却形成云层，然后夹在热带地区的暴雨中倾泻下来。

不过，太阳和空气不会让所有的水滴立马降落，从赤道吹向两极的风会将大量水蒸气从云中带走。这些水蒸气能被带走多远取决于许多境况。其中一部分在向北移动时被寒流冷却，或撞到寒冷的山顶，形成雨降落到欧洲地区和亚洲地区。而向南迁徙的水蒸气大概会降落在南美、澳大利亚或新西兰，或被带到通往南极的海洋上。不管它变成雨落到哪里，在没有被植物利用的情况下，它会做两件事情：要么汇成小溪与河流，最终回到海里；要么深深地渗入地下，直到遇到石头无法穿过为止，然后被下面的水使劲挤压，再次从裂缝中升上来，像喷泉一样冒出地面。这些喷泉再次流到河里，有时在地面流淌，有时又在很深的地底走上很长一段路，不过，不管用什么方式，这些水柱最终都会流回海里。

但如果这些水蒸气在行进过程中遇到了较冷地区的高山，如瑞士的阿尔卑斯山，或者被带到两极，如格陵兰岛或南极大陆，那么它会化成雪飘落，形成大片的雪地。这里发生了一个奇怪的变化，如果大家做了一个普通的雪球，并且把它捏紧，它会变得很硬，而如果使劲把它压扁，它就成了透明的冰块。同样的道理，格陵兰和瑞士高山上的降雪在滑落进山谷时被压得非常紧实，就像一大群人穿过宽阔大道来到狭窄小巷。随着山谷变得越来越窄，前面的雪块不能快速移动，而后面的雪积得越来越多，于是雪堆被挤压得越来越紧实。如此一来，雪被使劲压着，直到藏在雪晶体内部、赋予它漂亮白色的空气被挤出来，雪晶体被压成纯净透明的固体冰块。

于是我们就有了所谓的冰川或冰河，在格陵兰，这种固态河会缓缓流淌，到达海边。在那里，它从陆地边缘被推下，裂成大片的碎块，于是我们就有了冰山。记住，这些冰山也是从热带海洋中获取的水构成的，它们在宽广的海面上漂浮，在暖流中融化，不断翻滚，直至消失在水中和它融为一体❶。在瑞士，冰川不会汇入海洋，但它们会滑到山谷，直到更温暖的区域，然后冰川融化汇成水流流走。罗纳河和许多其他河流都由阿尔卑斯山脉的冰川补给，当这些河流涌入大海时，我们的水滴就再次回到了故乡。

但当它以这种方式与分开了一段时间的伙伴会合时，它还像先前离开时那么纯净透明吗？在冰山上它的确恢复了洁白和干净，因为结晶力仙子不带任何杂质，她的冰晶里甚至连盐都不含，所以这些冰融化之后变成的水回到海里时依然纯净透亮。然而，即使是冰山，也会把土和石头带下来，冻结在冰层的底部，给海里带来些泥污。

但河里的水滴绝不会像升上天空时那样纯净。在下一讲中我们将看到，河流不仅会携带沙子和泥土沿河道前行，甚至还会携带固体物质，如盐、石灰、铁和燧石，像溶解糖一样把它们溶入清澈的水中，而我们却看不见这一切。同样，渗入地下的水也携带着大量的物质。大家都知道，从泉水中所提取出来的饮用水和雨水大不相同，你经常会在水壶底和锅炉壁上看到一些水垢，这是其沸腾时从清水中分离出来的碳酸钙。水在地上游历的时候吸收和溶解了碳酸钙，而后"变硬"。这和水溶解糖会变甜是一样的道理。大家可能也听说过铁泉、硫磺泉和盐泉，但大家应该都没有尝过这些泉水的味道，它们从地下冒出来，最终会流入大海。

现在你明白为什么海水尝起来又咸又涩了吗？每一滴从陆地流

---

❶　一座冰山露出水面的部分含冰量大约是其水下部分的 8 倍，因此，水下部分遇到暖流融化时，冰山会因失去平衡而倾斜，除非它找到重心重获平衡。

进大海的水都携带了一些物质。一般来说，水里的每种物质含量都非常之少，而我们尝不出来任何味道，我们称之为纯净水。但即便是最纯净的泉水或河水也通常会有一些固态物质溶解其中，然后汇入海洋。当光波再次来到海上带走水分时，它们带起来的就只有纯净的水，所以，所有这些盐、碳酸盐和其他的固态物质就被留了下来，我们就能从海水中尝到它们。

如果把海水放到火炉上慢煮，待到水分逐渐消失，液体就会变得非常浓稠。取一滴液体放在显微镜下观察，等到它慢慢变干，你就会看到形成了许多晶体，方形的就是普通的盐结晶，长方形的是石膏或雪花石膏的晶体，还有其他形状各异的晶体。那么，当你看到那些来自陆地的物质被溶解到海水中时，你就不会再对海水是咸的而感到惊讶，相反，你会问为什么它没有越变越咸。

这个问题的答案基本上不属于"一滴水的旅行"这一话题，但我必须要给大家一些启示。海里有大量软体动物，如构建珊瑚的珊瑚虫，它们的外壳或所生活的固体枝干需要坚硬的物质，它们死死盯着这些石灰粒子、燧石粒子、氧化镁粒子和一些其他被带进海里的物质。这些小小的"粉刷匠"正是用石灰和氧化镁建成了美丽的外壳，珊瑚虫把它们用作骨骼，而另外一些"工匠"则会使用燧石。这些生物死去时，残骸会落到海底形成新陆地。因此，尽管土块被河流和泉水冲走，它依旧会用同样的材料，在深海里形成新陆地。

现在，我们已经到达了水滴旅程的终点。我们看到了它被热力仙子抽取到空中隐形起来，在空中，凝聚力仙子把它抓住形成了水滴，接着重力这位巨人又一次把它拉到地面。又或者，如果它升到了冰寒的区域，结晶力仙子就会将它变成雪结晶，再次洒向大地。

然后它要么被热量融化成水，要么被重力拉着滚落山谷，直到被挤压成冰。我们已经探测到，它在隐身时会围绕着地球形成一层保护罩，白天阻挡太阳光的炙热，晚上又把它锁住；我们看到它被草叶冷却，形成亮晶晶的露珠或白霜晶体，白霜在清晨的阳光下闪耀；我们看到它在黑暗的地底下，被植物根茎贪婪地吮吸着；我们跟随着它从热带海洋出发，越过陆地和海洋上方，看它或汇聚成河，或在泉水中流淌，或攀上高山，或飘向两极，然后以冰川或冰山的形式回到海里。它被看不见的力量推来搡去，却未显一丝疲态或想要停下工作喘息片刻的念头。任何时候它都在前进，上下起伏或绕地球而行，形式多样，展现出神奇的技艺。我们看到了它所做的许多工作，净化空气，喂养植物，为我们提供干净清亮的饮用水，把各种物质带去海洋。除了这些，它还在改变地球面貌方面做出了杰出的贡献。这一点我们将在下一讲——"两位伟大的雕刻家"中学到。

两位伟大的雕刻家——水和冰

在上一讲中我们看到了水能够以三种形式存在，第一种是看不见的水蒸气，第二种是液态水，第三种是固态的雪和冰。

今天我们将着重了解后两种——作为雕刻家的水和冰。

要理解为什么它们配得上这个称呼，就得先思考雕刻家的作品都有哪些。如果大家走进一个雕塑厂，就会发现那里有许多大块花岗岩、大理石及其他种类的石头，它们被粗略地切割成不同的形状。如果是在雕刻家的工作室里，你会看到许多被完成到不同程度的美丽雕像，雕刻家把粗糙的石块刻出栩栩如生的形象，人们甚至可以通过它们的面部表情看出它们是悲伤、沉思还是开心，还可以由它们的姿势推测此刻它们是痛得打滚、开心地跳舞还是在安静地小憩。这些"经历"是怎么从形状不规则的石头中被雕刻出来的呢？是雕刻家用凿子刻出来的。这儿削走一块，那儿刻出一条褶皱，其他表面又是打磨得十分光滑，以便赋予雕像柔和的线条。通过这些技艺，塑像的形状逐渐被雕琢完全，模样随之从粗石里显现出来。先是一个大体的雏形，然后经过精雕细琢之后变成活灵活现的不同形象。

就像雕像的褶皱及曲线被雕刻家凿出来一样，山岗和溪谷，陡峭的斜坡和地表上柔和的线条，所有这些赋予地球美貌并被我们深爱着的不同地貌，已经被流过的水和冰雕琢好了。没错，地球上有一些起伏更大的地势、巍峨的山脉和冒出海平面的大片陆地，是由地震和地面隆起或收缩造成的。我们不讨论它们目前的模样，而是要把它们归类为雕塑厂的粗略工作加以讨论。一旦条件具备，这些凹凸不平的沟壑和平缓的斜坡就都出自水和冰之手。这就是我把它们称为"雕刻家"的原因。

旅行时，你会观察沿途的风景，越过山丘，穿过溪谷，路过被硬石"切割"出来的山涧，或经过根本无法攀岩的峡谷；然后来到杂草丛生的缓坡，看到一眼望不到边也看不见小山坡的平原，或在到达海岸时，爬到洞穴里，沿着从一个港湾到另一个港湾的昏暗狭道前进。所有这些——山丘、溪谷、山涧、深谷、缓坡、平原、洞穴、岩谷和布满石头的岸边都是由水切割出来的。日复一日，年复一年，自然万物在我们看来好像没有变化，但勤奋的雕刻家却不停地在切割着，这儿刻些纹路，那儿削出个角，另一个地方切一大块，直到呈现独特的景观，正如人类雕刻家通过雕塑所表达的那样。

我们今天的工作将尝试形成一些思想——水是以哪种方式雕刻出地球表面的？接下来先看看我们的老朋友——雨滴在变成水流之前能做多少事情。

大家已经注意到了，每当雨水落在松软的地面上，都会砸出小圆坑并积在里面，然后渗进地下，在土壤中"强行穿梭"。但你很难想象美丽的山丘完全是由雨水击打或渗透形成的。

这些山丘的所在地曾经有坚实的黏土和石头，先是雨水不断渗入，使得土地松动，然后地面被晒干形成裂缝，直到下次降雨使它更加松软，并把其中一些泥土带到下面的山谷。但有些地方的土里埋着大石头，雨水无法渗透，这些石头就变成了山丘的顶，雨水冲走周围的泥土，山丘得以成型，逃过像其他泥土那样被摧毁的"劫难"。如此一来，整个山谷都被雕琢成了精美的山丘。一些山丘的顶上依旧覆盖着石头，而另一些已经没有了，这些失去顶石的山丘很快就会被冲走。英格兰没有这种地形山谷，但大家有时会看到桥下有一些小柱石，它们的形成是由于流水冲走了鹅卵石之间的泥土，大家观察到的这种小例子和更重要的那些事实，同样具有启发意义。

雨水改变地表形态的另一种方式，是穿过松软的土壤从高耸崖顶向很深的地下渗透，直到遇见坚硬的岩石后在宽敞的空间里铺展开来，形成一种湿塌塌的泥土，对于上面的山岗来说，这种泥土是一种非常不稳固的地基。所以一段时间之后，整个山体会滑落到悬崖脚下形成一块新土地。

如果你去过怀特岛，应该在文特诺或其他地方看见过一片起伏不平、在高崖下沿海伸展的土地，称为"副崖"。这片土地曾经处在悬崖最顶端，然后山体就像我们刚刚描述的那样连续滑落。1839年，在多塞特郡的莱姆里吉斯就发生了一次这种大面积的山体滑坡。

你会很容易发现形成山丘并引起滑坡的雨水是如何改变了这个地区的面貌，但这种水作用力是很罕见的。把雨水汇集成小溪形成河流，是"雕刻家"雕琢地表工作中最忙碌的时候。大家可以在降雨期间观察有坡度的马路，看看会发现什么。首先雨滴会涌入地面上的每一个小凹坑里，接着水开始沿着它所能到达的任何沟渠流动，在这里或那里汇聚成小水滩，但最终总是沿着斜坡逐渐流下去。与此同时，地面的其他地方也有很多小细沟正在形成，然后这些细流在低洼地面的较大车辙里汇合成大水流，最后流入排水沟或另一个排水区域，或是在某个栅栏处找到出路。

无论何时，只要滂沱大雨落在地上，全世界都会有同样的事情在发生。山上总有大量的降雨，降雨形成的小水沟在这里汇集并倾下山崖，和山下的溪流相遇。这些溪流在行进过程中又会与来自四面八方的水流相聚，它们沿着沟渠潺潺流动，流入小溪与小河，再沿着缓坡一直流到大峡谷，在这里它终于有资格被称为"河流"。有时这条河会在地上形成一个大凹陷，水在这里积成一片湖，接着从湖泊较低的一端再次溢出，形成一条新的小河，然后不断吸收新的水流，越聚越大，直到最后流入海洋为止。

赫胥黎（Huxley）在其著作《自然地理学》（*Physiography*）中清楚地描述过，大家所熟知的泰晤士河就是以这种方式进行排水的，其排水量至少是整个英格兰河流排水量的七分之一。所有降落在伯克郡、牛津郡、米德尔塞克斯郡、赫特福德郡、萨里郡、威尔特郡北部、肯特郡西北部、白金汉郡南部和格洛斯特郡的雨都流进了泰晤士河，形成了16000平方千米的河流。每一条小河和小溪都会缓缓流入大河，大河接纳它们，并携带着它们进入海洋。因此，世界各地都有一条这样的河道，水会顺着周围的斜坡而进入河道，最终流入大海。

不过这和水雕刻出事物或凿出山谷有什么关系呢？从河里舀一杯水然后静置几个小时，你很快就会得出答案。因为你会发现，哪怕你舀的是看起来最纯净的河水，杯底也会沉淀出一层薄薄的泥，如果你是在涨水、泥泞不堪的时候取水，那么你会得到一层厚厚的沉积物。这说明，小溪、水流和江河在流淌时，把地面的泥土从高山带到溪涧，再从溪涧带到海洋。

其中除了我们能看到的土地物质外，水里还溶解了许多我们看不见的物质。

如果你用的水来自矿物质较多的区域，你会发现一段时间之后，烧水的水壶内壁上会有坚硬的水垢。这层水垢就是由石灰质或碳酸钙构成的，水流经岩石的时候会把它们裹挟带走。莱茵河每年携带大量溶解了碳酸钙的水经过波恩地区，比肖夫（Bischoff）教授计算过，这些碳酸钙的数量足够形成 3320 亿个牡蛎壳，足以构成一个边长为 170 米的正方体。

想象一下，整个圣保罗教堂的院子里填满了牡蛎壳，向上堆成一个正方体，达到教堂的一半高，这样你是不是就对莱茵河水每年携带多少看不见的物质到波恩有了一些了解。

所有物质，不管是作为泥土还是溶解物，从陆地的某个地方被裹挟到其他地方或海里，它原先的所在地一定留下了缝隙或洞孔。我们来看一看这些缝隙是怎么形成的。在山或山坡边上的溪涧，经常有小溪缓缓流过，一些大小不一的鹅卵石有的在游人脚边，有的在溪水中，还有许多碎岩石块常常散落在山谷的两侧。如果你向上攀登会发现道路变得越来越陡，岩石也愈加崎岖怪异、凹凸不平。

这个峡谷的历史将告诉我们很多关于水雕刻工作的事。曾经它只不过是山坡上的一条小沟，雨水顺着这条细线一般的沟壑往下流。但随着水流长年累月带走一些泥土，这条小沟变深变宽，当太阳把沟里的水晒干后，水沟两边开始破裂。到了冬天，山坡的两边都被秋雨淋湿，霜降到来后把水冻成了冰，因此裂缝变得更大，上涨的河水急流而下，把松散的石块冲进河床。在这里它们辗转不已、相互摩擦，直到被雕琢成圆形鹅卵石，而被磨蚀形成的细沙则被流水远远带走。日复一日，这儿变成了一条小溪涧，随着水流的冲刷变得越来越深，溪边就有了可供攀爬的空间。蕨类植物和苔藓开始覆盖在裸露的石头上，小树也开始沿着河岸扎根。而这个美丽的小角落在山坡上冒出来，完全是由水雕刻而成。

如果你能够想象到这些山谷、溪涧与沟壑年复一年以这种方式形成，你难道不会对它们产生新的兴趣吗？它们之间有许多奇怪的差异，大家可以自行了解一下。有些是平滑宽阔的山谷，这里的岩石松软易碎，水顺流而下从第一个山谷的两侧切断了其他通道，从而穿过更小的山谷；其他地方则会形成狭窄的沟壑，这里的岩石坚硬，不会轻易被磨蚀，而是在碎裂成块后脱落，留下高耸的悬崖。你还会在某些地方看到壮观的瀑布，这里的水在翻过陡峭的悬崖倾泻而下时，会对悬崖产生磨蚀。

有两件事需要注意。首先，水流是如何俯冲到崖底，并带动小石头磨蚀岩石的？悬崖的底部就这样被磨蚀了，因此，时不时会有大块的岩石碎块脱落，而不是水流从悬崖顶部斜着滑下最终形成一条小溪。其次，你或许会在瀑布边的岩石上看到神奇的杯子形洞穴，这叫作"壶洞"，这些洞也和瀑布的形成有关。你通常会在这些洞里看见两到三个小石头块，它们会给你提供完美的例子，让你明白水是如何利用石头打磨地球面貌的。这些洞完全是由落下的水在岩石上一圈圈旋转冲击而形成的，水用带下来的石头打磨洞的底部和侧面，就像用杵在研钵里研磨。渐渐地，洞变得越来越深，即使第一块掉进洞里的鹅卵石可能已经被碾成了粉末，还会有其他的石头掉进来，因此，一段时间之后水的下方就形成了一个大洞，致使岩石破裂并脱落。

水以这样或那样令人惊奇的方式自行开辟着道路。怀特岛就是一个很好的例子，阿勒姆湾峡谷和著名的黑峡谷就完全是被瀑布冲蚀而成的。不过最广为人知的例子是尼亚加拉大瀑布，在这里，尼亚加拉河先是流经一片平原地区，然后来到低洼处的伊利湖，接着缓慢向下，行进了大概 24 千米，随后地面坡度变大，河水急流形成尼亚加拉大瀑布。瀑布并没有许多人想象的那么高，高度仅有 50 米，但是宽度大约有 800 米，每分钟将近 67 万吨的水从瀑布流过，形成壮丽的水雾云。

查尔斯·莱尔（Charles Lyell）在尼亚加拉开展研究的时候，得出过这样的结论：这些瀑布以每年 30 厘米的速度侵蚀着悬崖。大家很容易就能想象出水冲到悬崖底部的力量有多猛烈！一条深深的裂缝就这样被切割出来，从皇后镇向后延伸了 11 千米到达瀑布当前的位置。这有助于我们了解水流是多么缓慢地凿出一条路，如果岩石平均每年被侵蚀 30 厘米，那么需要 35000 年才能出现这样一条长达 11 千米的河道。

但即使是这条被尼亚加拉瀑布切割出来的裂缝，也无法与科罗拉多大峡谷相提并论。"大峡谷"（Canon）是一个西班牙词汇，意思是"岩石峡谷"。这些峡谷真的非常大，如果我们此前没有在别处见过水的作用力，我们无论如何也不会相信它能切出这么大的裂缝。科罗拉多河从落基山脉向下绵延 480 多千米，侵蚀着沿途由石灰岩、砂岩和花岗岩组成的地貌，留下 800 米到 1600 米的峡谷笔直矗立。正如其名，科罗拉多大峡谷与流淌在峡谷里的水之间的高度差超过 1600 米。想象一下，你乘坐一叶扁舟仰望两边直立的高耸石壁，会是怎样的心情！假设有人能向上攀登至峡谷一半的高度，他看起来就会非常渺小，不借助望远镜你都看不到他的位置。而峡谷顶部向两边的开口处在如此远的距离下也显得非常狭窄，以至于上面的天空看起来只是一条蓝色条纹。不过，这些巨大的峡谷并不是由暴力或地震突然震碎岩石所造成的。相反，它们是被缓缓流过的河水一步一步、安静而平稳地冲蚀出来的，现在要么流入宽广的河谷，要么迅速冲过下面狭窄的山峡。

探险家艾维斯（Ives）中尉说："没有语言能够描述这条无与伦比的河道，表达出它的复杂多样、宏伟壮观。在任何角度观察，情景都会发生变化。雄伟的正面、庄严的教堂、剧院、圆形大厅、城堡墙壁、刻满时间痕迹的废墟由各式各样的楼塔、尖顶和拱顶所覆盖，这一切景物都是由巨大石块雕琢而来。"了解了这些之后，谁会说水不是最伟大的雕刻家呢？它穿过数千米的岩石，打造出如此壮丽的花岗岩石群，人类的作品无法超越它，甚至根本无法与之媲美。

但我们不能简单地把水视为切割工具，因为除了在一个地方进行雕刻，它还把土地物质带走安置到别的地方，这样看来，它更像一位泥塑工，把手上的泥塑打磨光滑后，剩下的材料用于另一个地方。

流水不仅会把泥土带走，还会把它放在途经的这个或那个地方。急流从山上带走石头和沙砾后，这些物质在水中的下沉速度取决于自身的大小和质量。如果大家抓一把砾石扔到一个装满水的玻璃杯中，会发现石头会立刻沉底，而石子和粗沙会下沉得慢一些。最后下沉的是细沙，细沙要用一到两个小时沉淀下去，水才能随之变得清澈。现在假设这些沙砾正在河水中沉淀，只要河水一涨满并流得飞快，较大的石头就会浮起来，但又会很快落下；水流稍缓时，粗沙开始沉底，而细沙仍被河水裹挟着流动；最后，细沙开始极其缓慢地下沉，仅在静止的水中沉淀。

由此可知，较大的石头一般会沉积在急流附近的河岸水底，而细沙会被水流带离山脉地段，在河水到达地势稍高地区细沙因水的流速放缓而沉积下来，也许细沙还会和湖里的泥浆一起留下，就像罗纳河携带着泥沙流进日内瓦湖，但从另一端流出时已经变得干净澄澈一样。但如果没有湖横亘在水流的路上，河水在流动过程中会带走更多的细沙，直到最后在平原上缓缓前进时，把它们留在这里或沉积在入海口。

大家都知道尼罗河的历史，3—4月，埃塞俄比亚山区降下滂沱大雨，河水俯冲而下，并把一堆堆泥浆携带到埃及尼罗河流域。这种周期性形成的泥层非常薄，要花上1000年的时间厚度才能达到60~90厘米。但除了沉积在山谷中，还有大量的泥沙被带到河口，形成新的陆地，即所谓的"尼罗河三角洲"。亚历山大、罗塞塔和杜姆亚特这些城镇都建在尼罗河淤泥形成的土地上，在许多年前这些泥土被河水裹挟了下来。现在，这里的陆地变得像这个国家其他地区的土地一样牢固又坚硬。你将很容易记住书本中出现过的其他三角洲，因为它们都是由其他陆地带来的泥土构成。印度恒河和雅鲁藏布江三角洲的面积，实际上和整个英格兰和威尔士一样大❶，而美国的密西西比河三角洲流域如此之大，盖基（Geikie）推测它以每年78米的速度扩张。

所有这些在埃及、印度、美国及其他地方形成的新陆地，都是

---

❶　大约151平方千米。

水的杰作。在泰晤士河，你或许看得到泥滩，比如英国港口格雷夫森德就是由源自英格兰内陆的泥土组成。但是在泰晤士河入口处，潮水猛烈地冲刷着，因此大量的泥土被席卷而去，阻止三角洲在那里成形并扩大。在水流流向大海的地方，通常都会形成小型三角洲。不过这些小三角洲一般会在几个小时之内就被海水冲走，除非它们能被阻挡物很好地保护起来。

河水携带走的泥土或沉积在平原上，或进入湖里，或到达海洋，沉积下来形成一块新土地。但是，溶解在水里的石灰质和其他物质都变成了什么？其中的大部分都被河里和海里的小动物用来建造自己的外壳和骨骼了，还有一些随着喷泉喷出来，待水蒸发后留在了地面。正是这种碳酸钙在任何可能沉积的东西上形成了一层坚硬的外壳，然后这些东西被称为"石化物"。这些溶解物在洞穴里形成的景象更为美丽。

如果你去过德比郡的巴克斯顿，或许参观过离它不远的普尔洞窟，进入里面你会看到它通体透亮，仿佛全部是由透明的玻璃棒建造而成，它们或悬挂在洞顶，或伸出洞壁，或从地上冒出。水从顶上慢慢滴落，离开后会残留一些从岩石上带下来的碳酸钙。然后这些碳酸钙逐渐形成又白又薄的膜片，继而越变越大，直到形成针形或管状的长棍，如冰柱般垂下来。这些"冰柱"叫作"钟乳石"，细小的结晶在光线下闪闪发光，它们是这般美好，所以这间洞窟被称为"仙屋"。同时，水滴落在地面上，其中的碳酸钙也会形成向上"生长"的棍状物，悬挂在洞顶和冒出地面的"棍子"（石笋）若相遇便连接成一根柱体。因此我们看到，不管在地上还是地下，水都为地壳铸造出了美丽的形态。

在的里雅斯特附近的阿德尔斯堡有一座壮丽的钟乳石窟，由许多个石洞接连而成，并有一条河流淌其中。长度超过 16 千米、位于肯塔基州著名的猛犸洞穴❶，是又一例精美绝伦的石灰质洞窟。

至此我们还未说到海洋，但它在改变陆地形态上的的确确没闲着。在暴风雨来临时，海浪拍打着悬崖，把岩石和石块拽到下面的河床上，同时还为悬崖上裂缝和洞孔的形成效了一份力，因为它们撞击到悬崖上时，会挤压石头缝隙之间的空气，迫使岩石分离，于是造成更大的裂缝，悬崖也到了崩裂的边缘。

然而，就是这些位于悬崖脚下的岩石、沙砾和石块在悬崖崩裂时起了主要作用。大家在大暴雨天见过海浪突然袭击沙滩吗？它们是如何把石头高高举起又狠狠摔下，让它们互相打磨的？涨满的潮水每一次冲撞到悬崖底部，都会敲裂一部分岩石，直到无数次暴风雨之后悬崖被严重侵蚀并大块脱落。这些石块被磨成卵石后，又被用来撞击余下的岩石。

盖基（Geikie）教授告诉我们，在暴雨天海洋对贝尔灯塔的冲击力等同于以 3 吨的力冲向 6.45 平方厘米的岩石，而史蒂芬森（Stevenson）发现曾有 2 吨的岩石在暴雨中被抛到灯塔的暗礁上。可想而知，海浪的冲击力该有多大，能举起这么重的石头并掷出去；同时，这股力量也拍打着海岸、冲蚀着陆地。

图 14 是我几年前画的阿布罗斯海岸，你不难想象海浪是如何侵蚀悬崖，直至那些与之抗衡的坚硬石块在海水中翻滚起伏。图片左边角落的洞穴在狭窄昏暗的甬道处戛然而止，你可以通过甬道从岩石的一侧走到另一条海湾。这种洞穴的形成主要是由于海浪和空气

---

❶　猛犸洞穴是世界上最长的洞穴，位于美国肯塔基州中部的猛犸洞穴国家公园，是世界自然遗产之一。猛犸洞穴以古时候长毛巨象猛犸命名，这个"巨无霸"洞穴截至 2006 年，已探出的长度近 600 千米，究竟有多长，至今仍在探索。——译者注

的作用力，它们从悬崖上"取"走几块石头，在原处留下一个洞，然后海浪裹着这些石块一遍遍地翻滚，打磨着洞的内壁，于是洞就会变得更大。英吉利海峡有很多被这种洞穴"啃食"的悬崖崩塌下来，砸毁大片的道路。

图 14　阿布罗斯海岸悬崖处荒芜的景象

这些美好的景物——海洋、海岸、陡峭的悬崖、静谧的海湾、小溪和洞穴，全部都是水这位雕刻家的杰作（见图 14）。在岩石越硬的地方它的工作就做得越出色，因为这里的石头为它提供了一堵坚硬的石墙用以冲击；反之，在松软的地区水会把它向下冲刷成逐渐放缓的斜坡，于是海水在这里特别平静，也就没有了侵蚀海岸的冲击力。

那么冰在雕刻地貌时做了哪些工作呢？首先，我们必须要记住霜冻在塑造地貌方面作了多大贡献，农夫们深谙其道，于是他们总趁着霜降后耕种，因为被冻结在土地里的湿气把土块弄碎了，这样就减轻了他们一半的工作量。

但这并不是冰的主要工作。你应该记得我们在上一讲中学过，落在山上的雪会慢慢滑落到山谷，掉下去的雪会堆积并紧紧地挤压在一起，直到变成一条固态冰河。格陵兰和挪威有巨大的冰河和冰川，甚至在瑞士也有一些非常高大的冰川。位于阿尔卑斯区域的阿莱奇冰川长达 24 千米，而且还有比它更长的冰川。它们的前行速度非常缓慢，在夏季和秋季，其中心部位以平均每 24 小时 50～70 厘米的速度移动，边缘部位平均每 24 小时的移动距离则是 30～50 厘米。

它们是如何移动的？我们现在不讨论这个问题。但如果大家取一块薄薄的冰片，只从下方架住两端，就可以自行证明冰确实能够弯曲，因为几小时之后大家就会发现，冰片中心的部位被自身所受重力向下拽，从而形成一个弧度。这个实验可以帮助大家想象冰川是如何在蜿蜒曲折的山谷里移动的，它匍匐前进，直至到达暖和的地带，融化后随水流走。观察无数细流从冰川开口处的冰层中流出来，它们携带着碎石，时不时还裹着一块大石头，落入下面的小溪中溅起水花，是一件很有趣的事情。那些石头出自冰川侧面和中心部位伸出来的部分。要理解侧面的石头从何而来并不难，因为大家已经见过，湿气和霜冻侵蚀了岩石的表面并使其碎裂，这些碎石自然而然会从陡峭的一侧山坡滚落到冰川里。而冰川中部石头的来源就需要好好解释一番了，这些石头呈一条线状，而这条线由两排来自上方溪谷的石头组成。两座冰川合二为一，于是两者的交界处就堆积了一堆石头。

冰川搬运着把这些石头，虽然速度很慢，却从未停歇。这些石头逐渐堆积起来，直到形成一堵石墙，也就是所谓的"冰碛石"。很久以前，较大的冰川把部分石块留在了都灵❶附近，于是这些石

---

❶ 意大利北部城市。

块向上堆积，甚至形成了一座小山。

由此可见，冰川不仅通过搬运石块来改变某个地区的面貌，而它实际做得比这要多得多。冰川行进时，表面总会裂开一个大口子，而且这个口子会越来越宽，最终形成一个巨大的裂缝，或者叫作"冰隙"，你可以直接向下看到冰川的底部。冰相互挤压导致裂缝又重新合上，于是这些掉进去的大石头就被牢牢封在冰川底部，如同钢刀被固定在木工刨床底部一样。它们和钢刀做着相同的工作，冰川滑下山谷的时候，会刮擦和打磨下面的岩石，也会磨掉自身的一部分，没错，它还会磨蚀地面。在这里冰川成了一个切割工具，把路过的山谷切得更深。

也许大家总能知道一座冰川都到过哪里，虽然冰没有在这些地方留下痕迹，但大家会在岩石上看到冰川流下的刮痕，这些岩石没有被磨掉，不过你会发现它们被打磨得圆润光滑，这表示冰川曾从它们身上碾过，这些圆形石头也就是所谓的"羊背石"，因为远远望去，它们就像卧在地上的羊群。

只要观察一下从冰川开口处流出来的水，你就知道它沿途从谷底磨掉并带走了多少泥土，因为水被裹挟下来的泥土染成了深黄色，看起来浓稠而浑浊，这些泥土很快就会随水进入河流，例如，罗纳河与莱茵河，因为混入了从阿尔卑斯地区带下来的物质，这两条河流的水就很浑浊，而罗纳河又会把泥土留在日内瓦湖里，从湖的另一端流出时水已经变得非常纯净清澈。自罗马时代开始，从山上携带下来的泥土就在湖的上游处形成了一片陆地。

所以大家看，冰也像水一样，总是忙忙碌碌，对地貌精雕细琢，再把土地物质送到其他地方去建造新的陆地。大家知道，古代的冰川比现在大得多，当然它们已经不复存在，但在瑞士的一些地方可以找到它们的踪迹——发现只有冰川才能搬动的大石头，我们称之为"漂砾"。有的漂砾和房屋一样大，欧洲北部地区各处都分散着这种漂砾。直到 1840 年，阿加西斯（Agassiz）教授提出这些大石头一定是被冰川从挪威和俄罗斯一路带过来的，科学家们的疑惑才被解开。

在英格兰也有冰川的存在，或许大家还能在坎伯兰和威尔士见到它们的杰作，比如被刮擦磨圆的石头和残留下来的冰碛。以美景闻名的兰贝里斯关口处，遍地都是冰川和石头的刮痕。你会看到山坡上高耸着一块巨石，如果从贝德盖勒特一侧进入此地，就可以看到实际还有另一块石头摇摇欲坠地立在这块巨石上，肯定是原先四周结的冰融化之后它才会保留着这种状态，应该不难发现把这些石头裹挟到这里来的是冰，而不是水，因为它们的边缘很尖利，如果是在水里翻滚，那石头表面会是平滑圆润的。

在冰河时代，整个北欧都被冰覆盖着，我们无法回到那个时候，但当你读到相关的内容，理解了现在我们所看到的地貌变化都是冰所为，布满石头的威尔士山谷的这种壮丽景观，将会为大家讲述一个精彩的、关于冰的古老故事。

至此，我们已经对水和冰塑造地貌的方式有了粗略的了解。我们看到了水、河流、喷泉、海浪、霜冻以及冰川在各司其职，凿挖沟壑和山谷，建造崎岖的山峰和起伏的平原，在这儿切削一块岩石以形成陡峭的悬崖，在那儿为平原添加一片新的陆地，在一个地方把石头研磨成粉，在另一个地方又把它们堆积成山。身边随处可见水的身影，我们不能忽视它。每一道沟渠都在告诉我们雕刻还在继续，每一条装载着有形或隐形物质的水流都提醒着我们，有些泥土正被搬到别处。在我们短暂的生命中，的确见到了地貌的变化，尽

科学仙境

管这些变化非常微小，但我们能够以小见大获悉它们所产生的更大的影响，我们惊叹于所有的美景，欣赏山岗和溪谷、高山和平原、悬崖和洞穴、安静的角落和宏伟崎岖的峭壁，让我们向两位伟大敬业的雕刻家——水和冰，致以谢意。

大自然的声音，我们是如何听见声音的

至此，我们的课程已经过了一半，现在要开始新的课程了。大家在前五讲中学到的所有精彩故事都和生物没多大关系。如果地球上没有生物，阳光依旧会撞击地球，空气仍然会来回移动，水滴还是会蒸发和降落，水也会一如往常切割着沟壑。但没有了生物，这些事物所带来的变化就失去了美感。如果没有植物、阳光、空气和水，只剩下光秃秃的岩石，也不会有动物和人类，更不会产生光、声音或任何感知。

下面几讲中，我们将要学习一些生物对地球的利用。现在我们从自然变化对人类的影响方式之一开始讲起——聆听它的声音。

一直以来，视觉指导着我们的大部分行为，而我们也总是在看到事物的时候才去思考。我们太过于依赖眼睛，而忘记了对声音感恩。大自然总是用它那特有的声音与我们对话。

　　你有没有试过在闹市打开窗户辨别外面有多少种不同的声音？也许你很容易就能分辨出货车的颠簸声、公共汽车的隆隆声、私家车轮子平稳滚动的声音以及农夫的轻型手推车发出的嘎嘎声，甚至连马夫鞭打马匹的啪嗒声、货摊前小贩的叫卖声和行人的说话声都能传到你耳朵里。如果再集中精力一些，你还会听到沿街的开门关门声、路人的脚步声、铲车的刮擦声，甚至还能听到附近的擦鞋匠在人行道上抛硬币时，硬币掉落在地上的叮当声。想想看，你听得到这所有的声音，还能把其中一种声音分辨出来，这难道不神奇吗？

　　假设你去到一个万籁俱寂的地方，周围没有一点声音。找个日子自己试着证实一下，躺在阴凉处的草地上认真倾听。如果恰好吹来一股微风，你会听见树叶沙沙作响，就算没有风，你也会听到蚊虫低鸣着盘旋，或蜜蜂从一朵花飞到另一朵花上，发出嗡嗡的声音，蚱蜢在不远处起跳，翅膀扇动着发出声响。或者，就算所有的生物都很安静，附近也可能会有一条小溪哼着歌儿潺潺流过。哪怕是在最安静的地方，你也会听到上百种别的声音。牛叫、鸟鸣、田鼠吱吱、青蛙呱呱，这些声音和远处樵夫伐木的声音交织在一起，又或者混合着河水激流的声响。除了这些之外，大自然还会偶尔向我们发出一些其他的声响，比如狂风的怒吼、暴风雨中海浪的呼啸、惊雷的轰鸣以及雪崩的巨响，这些声音告诉我们大自然可以有多美妙，也可以有多可怕。

　　现在大家能明白声音是什么了吗？我们又是如何听见这些声音的？或许说来有点奇怪，如果地球上的生物不能听到声音的话，声音也就不存在了，哪怕大自然一如既往地做着所有的工作。

　　最开始人们不相信这个说法，要试图弄懂它。假设你听不到声音，当重锤落在铁砧上会使空气剧烈振动，但空气传到你耳朵时并没有对它产生作用，所以你听不见声音。正是这些振动接触到耳中的鼓膜以及内部的神经，神经再把它们传递给大脑的听觉中枢，于是我们才能听见声音。如果地球上所有的生物都没有耳朵或听觉神经，物体发出的振动就无处传导，也就没有声音这回事了。

这说明要想听见声音，需要具备两个条件：一是刺激听觉工具的外部振动，二是听觉工具本身。

首先，我们来试图理解一下耳朵外部发生了什么。把一根绳子绑在壁炉的钢管上，拿住绳子末端靠近耳朵，然后拿一根小木棍敲击钢管。你会听到非常大的响声，因为敲击会使钢管的粒子振动，振动会沿着绳子进入你的鼓膜并对它产生刺激。

现在把绳子从耳边拿开，用牙咬住它。用棉球塞住耳朵，再次用小木棍敲击钢管，你会听到和刚才一样大、一样清楚的声音，但这次你的耳膜没有振动。那么声音是怎么出来的？在刚刚的实验中，振动通过牙齿传到头部骨骼，再传给神经，于是声音就在你的大脑中形成了。现在做最后一个实验，把这根绳子系在壁炉架上，依旧用小木棍敲击钢管，虽然你依旧听见了声音，但这声音是多么微弱和短促！因为这次振动是通过空气传到你耳膜里的。

又回到了隐形工作者的领地！我们从婴孩时期就能听见声音，但当你站在这头，而别人站在那头叫你时，你在脑海中勾画过声音是如何穿过房间或田野来到你耳中的吗？

我们在前文中学习过"空气海洋"，大家知道空气密布在天空和我们之间，虽然看不见却实实在在存在着，大家要做的就是理解这种振动是如何在空气中穿行的。

借助廷德尔博士在其讲座《声音》（Sound）中做过的实验可以快速了解这个问题。这里有一个装着很多小球的木盒子，盒子的末端挂着一个铃铛（见图15）。我要拿一个球放在这一端，然后大力把它滚动起来去撞击剩下的球，大家仔细观察会发生什么事情。看！末尾的球把铃铛撞响了，而其他的球依旧停在原先的位置，为什么会这样？当被撞击向前滚动时，这些紧紧挨在一起的小球会撞到前一个球然后停下来并反弹回去，而排在最后的小球前面没有阻碍，所以它会自由向前滚动。我用手上的小球去撞其他小球时，前一个小球向前滚动，撞击到第三个小球再弹回来，第三个小球撞上第四个小球会出现同样的情况，同理，第四个和第五个球也是这样，以此类推……每个球都会回到原位，除了最后一个球，它被撞击之后滚向了铃铛。现在如果我把小球挨着铃铛摆放，再重复刚才的实验，大家依旧会听到铃声，因为最后一个球会像撞击前一个球一样去碰撞铃铛。

图15　装着小球的木盒子

把这些小球想象成空气原子，假设铃铛是你的耳朵。我鼓掌的时候手边的空气会随之振动，每一个空气原子都会撞击下一个原子，像实验中的小球一样，虽然这些原子会回到原位，但振动会沿着原子链传到大家的耳膜，大家就听到了击掌声。而空气中发生的某种有趣现象，大家是无法察觉的。大家一定还记得空气是具有膨胀性的，就像原子中有弹簧一样，只要有任何振动向前推动原子，无数个原子就会再和前面的原子相撞之前挤在一起。振动完毕它们会反弹到原地并再次分离，然后来回摇摆直到慢慢停止。同时，第二组原子会发生同样的运动，把冲击力传给第三组后迅速弹开，于是传导路线上就有了一组紧凑的原子和一组松散的原子交替着，同一组原子绝不会出现两种状态。

大家或许能在铁路的车厢上看到绝佳的例子，当火车停下时，车厢会相互碰撞，三节或四节车厢会撞在一起，在把冲击力传到前面车厢的同时反弹分开，只有之间的链子还紧紧把它们拉着。后面的四节车厢也会发生同样的情况，于是撞击波就通过紧凑的车厢传到车尾，车厢来回晃动直到静止。试着想一下，这种运动沿着一排空气原子到达你的耳膜端。这些紧密的原子敲击你的鼓膜并向内传导至耳膜，然后波立即发生改变，原子弹了回去，耳膜也恢复了原状。不过原子再次传导过来时耳朵又要接受第二轮敲击，鼓膜在空气静止之前会反复受到刺激。

此处这种振动波和穿行在波峰和波谷的光波不同，和我们平时理解的波完全不是一回事，它是由于空气原子快速挤压和分离而发生的。这种挤压叫作"压缩作用"，分离叫作"稀疏作用"，声波波长指的就是两次压缩作用（图 16 中 aa）或稀疏作用（图 16 中 bb）之间的距离，即声波在一个时间周期内传播的距离（见图 16）。

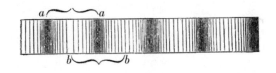

图 16 声波波长

虽然每个空气原子移动的距离很短且立马弹回，但一长排原子会聚在一起，波通常就很长了。男性在正常情况下低声说话时发出的声波波长在2.4米到3.6米之间，女性声波的波长较短，为0.6米到1.2米，所以女性的音调更高，接下来我们将要对此进行解释。

现在我希望有人提出疑问，为什么我鼓掌的时候，我面前和旁边的人都能清楚听到声响。原因是我手边的空气产生了振动波，波往四周扩散，形成压缩的球形，继而分散地越来越开，就像池塘里一圈一圈的涟漪。这种波在我前后四周传播，直到碰到墙壁、天花板和地板才作罢。不管你在这个房间的什么位置，它们都能击中你的耳朵。

大家想象一下这些波四下传播的画面，就能明白为什么距离越远声音越微弱。在我击掌的时候凑近我手边，就能感受到一股小小的空气运动，我造成的振动很剧烈，但声波往四周传播时，会有越来越多的分散移开，于是空气原子的振动越来越微弱，击中你耳朵时冲击力变小。

如果我们能阻止声波四下传播，声音就不会变得微弱。法国物理学家毕奥（Biot）发现，低语声可以通过管道传播840米，因为管道里的声波只能在这根细管中的空气里传播。所以除非你在狭小的空间里说话，不然是无法阻止声波四下传递的。

试着想象一下这样的画面，你看着这些声波在我四周传播，先是击中你的耳朵，然后击中你身后同学的耳朵，呈球形扩散直到触达墙壁。接下来会发生什么？如果墙壁像木制隔断物一样单薄，声波会使墙壁发生振动，墙那边的空气也会随之振动，旁边那间屋子的人就能听见我的声音。

还会发生别的事情。在某些情况下，声波碰到墙壁之后会像球撞到东西上一样弹回来，于是另一组从墙上折返回来的声波会穿过房间回到这里。如果这些折返声波快速回到你耳朵里时和新一轮声波相融，那么声音会变大。打个比方，我大喝一声"哈"，大家在这间屋子里听到的声音会比在外面的开放空间里要大。从我嘴里传出去的"哈"声与从墙上回到你耳朵的"哈"声立即融合成一个声音。这就可以解释为什么牧师在教堂前面讲话时，站在教堂另一端墙壁或屏风前面的人，通常比在教堂中间的人听得更清楚。因为靠近墙面位置的反射声波会强烈撞击耳朵，使声音更大。

大型爆炸发生时，这些声波被反射回来后可能强烈到足以震碎玻璃。在圣约翰森林的火药爆炸事件中，后面街道上许多房子的窗户都被震碎了，因为爆炸的声波以一定的角度从墙上弹回撞击到了玻璃上。

现在假设墙壁在你身后很远的位置，从墙上弹回的声波触达到你耳朵时，从我这边过去的声波已经离开了，这时你就会听到两遍"哈"，一遍出自我的口中，另一遍来自墙壁的反弹。这就是回声。要想达到这种效果，你需要站在离声波反射点 17 米之外的位置，因为第二组声波比第一组晚十分之一秒到来，足够产生两个声音❶。马蒂诺（C. A. Martineau）小姐讲过一个关于狗被回声吓坏的故事。它以为有另一只狗在叫，于是跑过去找它，跑到墙边时回声戛然而止，这只狗被吓了一跳。我的狗也这样追过自己的回声，它发现没有敌人后就跑回去了一段距离，然后继续叫唤，于是回声又开始了。它暴怒不已，扑向了恰好经过的路人，最后我们费了好大的劲才把它拉住。

---

❶ 声音在常温空气中的传播速度为 340 米/秒，它的十分之一距离就是 34 米，因此声波到距离你 17 米的墙壁再到返回用时为 0.1 秒，声音就这样分离开来。

山上有一道道石壁，石壁之间都隔着一些距离，每道石壁传回回声的时间都比前一道晚一点，所以你对着山"哈"一声，传回来的就是一串像哈哈大笑一样的声音。伍德斯托克有个地方可以产生二十多遍的回声。在阿尔卑斯山区，有时候声波会在高山之间来回传播，慢慢变得越来越微弱，而后消失，这些回声非常美妙婉转。

如果大家现在能够构想出这样的画面：一串声波朝着墙壁而去，另一串声波正在返回的路上并穿过了之前那串声波，你就为理解"我们是怎么同时听见不同声音的？又是怎么分辨它们的？"这个问题做好了准备。

大家有没有观察过海面的波纹？注意过除了大浪潮之外的无数个小涟漪是如何被风、船桨或雨滴激起的吗？如果大家这样干过，就可以看到所有的波纹和涟漪相互交错，你的视线可以跟随着其中任何一条，看它不受干扰地前行。或者大家也可以在池塘里距离很近的地方扔两块石头，做出好看的交叉涟漪，也可以一路跟随一条波纹，直到池塘边缘。

声波也这样相互交叉着移动。你还会知道，不同声音产生的波长也不一样。就好比潮汐会掀起巨浪，而雨滴泛起的只是微小涟漪。每种声音都带着自己独有的波敲击你的耳朵，你能像单看某一条涟漪一样把不同的波听清楚。

这一切都是耳朵外面发生的事情，那么耳朵本身呢？这些声波是怎么和大脑对话的？大家可以通过下图尝试对美妙的听觉工具——耳朵了解个大概（见图 17）。

首先，我希望大家仔细观察一下耳朵外壳的弯曲弧度是多么好看，或者也叫"外耳"（a）。它能够收集和捕捉耳朵附近的空气振动折射进入耳道里。用手拢着耳朵，感受耳朵的软骨部分是怎么向

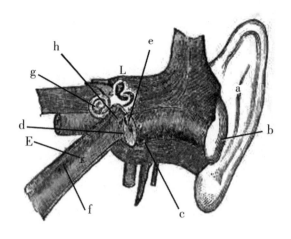

图17　人耳结构

a：外耳或耳朵外壳；bc：耳道；c：鼓膜伸展穿过耳鼓；E：咽鼓管；
d、e、f：耳骨（d：锤骨，e：砧骨，f：镫骨）；L：骨迷路；g：耳蜗，或
内螺旋壳；h：窗户状结构之一，另一个"小窗户"被镫骨遮盖

头部前方弯曲的。外耳的弧度很像耳背的人把手弯曲放在耳朵上听
声音的弧度。动物们常常需要竖起耳朵才能把声音听清楚，但我们
人类的耳朵是一直待命的。当空气波进入耳朵时，会使耳朵里，也
就是耳道（bc）里的所有空气发生运动。耳道里的纤细茸毛用来防
止虫子和灰尘进入，堆积的耳垢也具有相同的作用。不过耳垢堆积
过多会阻碍空气振动鼓膜，从而影响听力。耳道的终端也就是图17
中c点的位置，是一层被薄膜覆盖着的薄膜，称为"鼓膜"，就像
羊皮铺展在大鼓上面一样，被空气波击打的时候这层膜会来回摆
动，有时候大力击打耳朵会把这层薄膜弄破或破裂，所以使劲打别
人的耳朵是极其错误的行为。

　　薄膜的另一边即耳朵里面，空气充满了整个耳室和图中管道E
的位置，管道E一直延伸到鼻子后面的咽喉位置，被发现它的人称

为"咽鼓管"。咽鼓管的尽头由一个可开合的阀门控制。使劲呼一口气，然后闭上嘴巴吞咽，就可以听到耳朵里面有一点"咔咔"声。因为在吞咽过程中，空气从咽鼓管排出并进入鼓膜（c），而鼓膜回到原位时会"咔咔"地响。如果不这样做的话，咽鼓管和鼓膜后面的整个耳腔依然会充满空气。

鼓膜被声波振动发生摇摆时自然会带动后面耳腔里的空气，同时也会引发三块小骨头发生振动。第一块是卡在鼓膜中间的锤骨（d），鼓膜颤动时，它会跟着来回摆动。这根骨头的头部位置嵌在旁边的骨头——砧骨（e）上的一个孔里，被肌肉紧紧固定着，以便在其伸缩时随它一起移动。锤骨可以从砧骨上往后退一点位置，所以每次它收回时都会碰到砧骨。砧骨又牢牢镶在形状像马镫一样的小骨头上，就是大家在图 17 中看到的 f 部位。镫骨位于一个奇怪的部位上面，它看起来像是一只蜗牛壳，伴有一根管道从中伸出来。这个位置被称为"骨迷路"，由骨头组成，它带有两个"小窗户"，一个由薄膜覆盖（h），另一个则位于镫骨头部下方（f）。

现在大家只需花一点精力就可以理解，当耳道（bc）中的空气带动鼓膜（c）发生振动时，这层薄膜也会扯动锤骨、砧骨和镫骨一起运动。每次鼓膜振动向内凹陷时，锤骨会击打砧骨，砧骨带动镫骨敲在"小窗户"上，而每次鼓膜外凸时，锤骨、砧骨和镫骨会突出来，等待下一次击打。所以镫骨总是会敲打"小窗户"。在骨迷路（L）里有一些像水一样的液体，沿着迷路管道长着一些细小的茸毛，像芦苇一样来回飘动。镫骨撞到"小窗户"时，液体会流动，把茸毛搅动着来回摇摆。而这些茸毛会刺激着一条神经末梢，即图中 L 的位置，然后这条神经把信息传输至大脑。还有一些叫作"耳石"的奇怪小石头，位于这些液体中，它们可能通过来回滚动

94

来保持震颤、延长声音。

　　大家不要觉得我们已经解释了耳朵里发生的一切错综复杂的事情，我只能提供大家一个粗略的概念，以便你们能够自己勾勒出下面这些画面：空气波在耳道里来来去去，鼓膜来回振动，锤骨敲击砧骨，镫骨敲打"小窗户"，液体搅动茸毛飘动、推着小石头滚动，神经末梢震颤，以及大脑接收信息。

　　大家听到的所有声音都是如此而来，这不奇妙吗？但还并不止这些，在骨迷路的弯曲部分有一个像蜗牛壳的东西，叫作"耳蜗"（g），耳蜗里有一套由三千根细丝或细线组成的绝妙结构，如同一排琴弦，可以让人听到不同的音调。如果你走进一架竖琴或钢琴的内部，高声唱出某个曲调，会听到这个声音在乐器里响起来，因为你的声音会让其中某根特定的弦产生振动，于是它就发出了这个曲调，因为声音发出的空气波碰到了这根琴弦，使它发生震颤，而其他的弦就不行。同理，带有三千根弦的小乐器也存在于人的耳朵里，也就是所谓的"柯蒂氏器"。它随着空气波振动，波在弦与弦之间依次传递，然后穿过纤维壁，最终我们就知道了大自然是如何与我们对话的。所有耳朵外部发出的振动，不管是多么剧烈和多变，本身都是不发声的。但是在这里，在鼓膜后面的小空间里，空气波被分类输送到我们的大脑，在大脑里以声音的形式向我们倾诉着。

　　但是为什么我们没有把一切声音都听成音乐呢？为什么有些是噪声，有些是清晰的音符呢？这完全取决于声波是快速稳定地传播，还是无规律地连续冲击。打个比方，当一堆石头从车上被卸下来时，你只听到一声连续的长噪音，因为石头是无规律下落的，有快有慢，这里是一大堆一起掉落，那里是两三颗独自散落，每种不同的振动都会到达你的耳朵，发出混乱而又嘈杂的声响。但如果拿着木头沿着一排栅栏快速拨动，会听到一串很像音符的声音。因为栅栏栏杆之间是等距的，所以振动会接二连三以规律的间隔快速击打耳朵。一系列快速而规律的声音可以产生一串音符，哪怕并不怎么好听。滑石笔划过石板发出的吱吱声和火车汽笛的尖锐响声不会使人愉悦，但却是可以用小提琴复制出来的真正音符。

为了给大家展示快速规律的冲击会产生自然音符，我带来了一个简单的装置。这个轮子的边被磨成像先令❶一样带凹槽的圆形，当我快速转动它时，它会撞到固定在后面卡片的边缘，轮子上的凹槽快速地连续敲击卡片，并发出音乐声（见图 18）。我们也可以通过这个实验证明振动越快，音调越高。起先我拉绳子拉得很轻缓，然后越来越快，大家会发现声音变得越来越刺耳，直到振动开始放缓，音调才重新变低。因为空气冲击得越快，产生的波就越短，短

图 18　一个简单的音符装置

---

❶　英国 1971 年以前的货币单位。——译者注

波发出的声音就越高。

　　我们再来用音叉检验一下。我敲了一下，它发出 C 调，位于高音区的第三个格子；我再敲另一个，发出了 G 调，它是第一个加线，比 C 调高五个音符。我在这幅图上画了这两种波的示意图，大家可以看到音叉 G 发出了三条波，而音叉 C 只发出了两条。为什么？因为音叉 G 的尖头前后移动了三次，而音叉 C 的尖头移动只有两次。音叉 G 在回来之前不会把如此大量的原子挤压在一起，而且波也更短。如果有两个音叉，其中一个比另一个快两倍，能产生四条波，另一个产生两条波，那么前者音符就会高出八度（见图 19）。

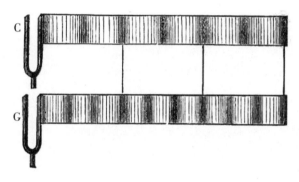

图 19　音叉实验器

　　所以大家看，我们所听到的一切声音，使我们免受伤害的警报声、美妙的音符、悦耳的和声，甚至于我们所爱之人的声音以及那些沟通的话语，全都取决于看不见的空气波，就像光所带来的快乐取决于以太波一样。大自然就是通过这样的方式与我们对话，它所有的运动都有一个原因来解释为什么声音或尖利，或轻柔，或高亢，或低沉，或可怕，或可爱。

　　拿这一讲开头所提到的小溪为例，为什么小溪哼着甜美的歌儿，而宽广的河流却悄无声息？因为小溪绕着石头打转，还会在经过的时候拍打它们。有时撞在大石头上水花飞溅，有时打磨堆在河床上的小石子，每一次冲撞都会激起一个小型的环形声波，然后声波扩散开来，直到落在你的耳朵上。由于它们是有规律地快速降落，所以会发出低沉的音调。大家几乎可以想象到小溪是多么期待着展示自己的美，雪莱（*Shelley*）的诗句在此处非常应景：

> 有时它落在苔藓上，
>
> 空洞却和谐，美妙而深邃，
>
> 现在它在光滑的石头上跳舞，
>
> 如同幼时的欢笑。

相反，宽广的河流却不会这般喧闹，它们仅仅会对河岸和河底产生摩擦，这时如果仔细听，可以听到河水在摩擦沙粒。不过，落水为什么能发出声音，以及瀑布和海浪为什么常常发出巨大的咆哮声还有另外的原因。大家所听见的声音不仅是水冲在悬崖或沙滩上发出的声音，还有囊括在水中的无数小气泡破裂的声音，每一个小气泡冲撞到河岸上爆破时都会向你的耳朵发出声波。找个浪潮汹涌的日子去听听大海的声音，大家一定会被它那不规则的声响给震惊。

不过，海浪不只在冲向地面的时候才发出咆哮，大家注意过它们从海滩撤退时是怎么呼啸的吗？丁尼生（*Tennyson*）这样形容它："暴怒的海滩尖叫着被海浪拖走。"因为海滩上的石头被海浪拖拽时会摩擦发出声响。廷德尔博士表示通过这些石头发出不同的声音来判断它们的大小是有可能实现的。大石头发出的声音是喧杂的，小石头产生的是一种尖叫声，而一片碎石滩会发出一阵嘶嘶声。

有谁站在溪畔、瀑布边或海滩还会觉得无趣呢？这里能听到这么多声音，而且还能勾画出它们的形成过程。如果留意的话，你可能还会发现大量由水发出的声音。

对着我们歌唱的不只是水，还有风，它在树叶间的歌唱是多么甜美！风摩擦树叶，树叶发出声波，于是我们就听到了声音。但哪天在你出去迎风散步时，又会听到它在耳边呼呼作响，碰到弯曲的外耳，然后在你耳道发出一串串声波。

为什么当所有不同种类的声波在活跃的空气中涌动时，它却能发出某种独特的音调？

下面这个玻璃瓶会回答我们的疑问。我用音叉敲击后把它放到玻璃瓶上，因为发出的声音很微弱，所以大家听不到。但如果我往瓶子里加水（见图20），水升到某个特定位置时大家就会听到又大又清晰的音调，因为瓶子里的空气波的波长正好和音叉的音符相吻合。现在如果我对瓶口吹一口气，大家也会听到相同的音调。说明特定长度的管腔只在遇到相吻合的波时才会发声。大家现在知道萧为什么会发出不同的声音了吗？明白为什么就算对着一个普通钥匙的末尾小孔吹一下也会响了吗？我只能提示到这里了，但如果大家研究下去会发现这是个很有意思的课题。大家要知道，耳道也仅对特定的波做出反应，所以风虽然不是音符，却真实地在耳边"歌

图20　在玻璃瓶中加水

唱"着。

大家在起风的夜晚有听到过风对山谷唱着狂野又哀伤的曲调吗？此时它的声音为什么如此之大，并且比风吹过平原时更好听？因为山谷里的空气仅仅响应某种特定的波，并且会像箫一样在风吹过时发出一种独有的音符，然后这些波在山谷中有规律地上上下下，发出哀鸣。大家可能会从烟囱或钥匙孔里听到同样的声音，这些都是风吹过孔隙时发出的波。耳边贝壳发出的音乐也是壳子里的空气来回振动而来。大家觉得它是怎么产生的？是耳朵里静脉的跳动造成壳内空气振动而形成的。

另一种大自然的宏伟声音就是雷声了。人们通常抱有一种模糊的观点，认为雷的产生是由于云相撞了。如果大家还记得云是水尘的话，就会明白这种想法多么荒谬。对雷声最可信的解释比这美妙得多。大家应该还记得在第三讲中学过热力促使空气原子分离的概念。一道闪电划过天空时会将沿途的空气突然扩散，于是一个又一个声波球就在闪电穿过的地方形成。记住，光的传播速度非常之快（30万千米／秒），哪怕一道闪电离我们六七千米远，我们也能在它产生的一秒钟之内看见它。但声音就传播得较慢，每秒钟为340米（在空气中），因此产生在六七千米远之外的声波会接二连三地落到我们耳朵上，发出高低起伏的雷鸣。当声波被拦路的云来回折射时，雷鸣有时会被回声拉长。大家知道在山上的声音会不断产生回音，直到消失。

想想滴滴答答的雨声，这些雨滴降落到人行道上时，是如何向四周放出声波圈的？想想当冰川落到山谷中爆裂开来，阿尔卑斯山上的游客听到的声音，或是雪大块大块地从高山的山坡滑下时所引发的巨大雪崩声响。这一切都会向你耳朵发出自己的声波，或大或小，或强或弱，而后转化成声音。

　　我们现在听听生物的鸣叫声，这些声音在我们身边随处可听。大家知道为什么蜜蜂和金龟子快速掠过时我们能听到嗡嗡声吗？它们并不是像很多人想象的那样依靠翅膀振动空气来发声，而是通过用坚硬翅膀刮擦后腿的锯齿边缘产生声响，翅膀扇动得越快摩擦声就越强。为什么在炎热、干燥的天气，昆虫发出的嗡嗡声也很大？因为它们越渴就越躁动，越躁动就动得越厉害。

　　很多像蜂蝇一样的昆虫会迫使空气穿过它们体侧的小气管，而空气流过时盖在气管上的小鳞片会来回摆动，产生声波。大家在森林里把头靠在树干上休息时听到的有趣声响是什么呢？是甲虫在树木上钻孔发出的声音，它们通过嘴凿开木头在世界上发声，哪怕它们本身并没有声音。

　　制造这些声音的生物本身并不会唱歌或发声，而树木上最动听的声音是鸟儿的啼叫。所有声音都是由两条有弹性的带子——声带发出来的，伸展在我们的呼吸道或气管中，在把空气传输给它们时，我们可以任意将它们绷紧或放松，使它们快速或缓慢地振动以发出不同长度的声波。但如果在森林里这样做，你会发现鸟儿的音符长度会把你打败。当你累得上气不接下气，不得不停下来时，鸟儿还会继续愉悦高歌，声音清脆，就像才开始歌唱一样。因为鸟儿可以把空气吸收到整个体内，而且它们气管的褶皱处有一个大型的储存室，除此之外，它们声带后面有两个隔室而我们只有一个，而且鸟儿的第二个隔室长着很特别、可开合的肌肉，可以延长颤音。

　　想一想，一只小巧的百灵鸟在悠悠歌唱时，波该有多迅速地在它喉头振动！下个春天，你在乡村漫步时，花一个小时的时间听听鸟鸣，试着自己在脑海中刻画出这个小生物如何搅动着身边所有的

科学仙境

空气。想想声音是以何种不可思议的方式在世界上发挥功效，又是如何在人的耳中和脑中产生作用。等到回去工作的时候，你不会否认，有时倾听大自然的声音并思索我们是如何听见这些声音是很有意义的。

第七讲

报春花的一生

当沉闷的冬日和湿冷的早春过去，温暖明亮的阳光洒向铺满小草的林中小径，有谁不想出去走走，把一簇紫罗兰、风铃草和报春花带回家？柔弱可爱的花苞依偎在绿叶之间，我们从一株植物漫步到另一株植物。请告诉我，在欣赏绿叶鲜花时，你是否曾停下来思考过，在过去的几周里，这些植物是如何长出绿叶和嫩芽的？如果一个月前你也来过这里，会发现除了少量去年留下的枯枝烂叶，这儿什么都没有。而现在整片树林都覆盖着娇嫩的绿叶、野风铃草和淡黄色的迎春花，就好似仙子对地面施了法，为它铺满了鲜活的生命。

我们的仙子"生命力"在这儿起了作用，虽然我们对她知之甚少，但非常喜爱她，为它制作的美丽风景而欣喜万分。阳光仙子带着看不见的力量亲吻这些幼苗，温暖它们以使其焕发活力。我们迈着轻松的步伐经过时，轻柔的雨滴、温热的空气，这一切都在起作用。当我们在观赏大自然的这些杰作时，却常常忘记思考这些惹人喜爱的生命体是怎么出现在我们身边的。

下面我们要着重关注这个问题。我要求大家在条件允许的情况下，带一枝报春花来，以便更好地随我去了解"报春花的一生"❶。这个主题和之前的讲座有很大差异。之前我们了解了全世界的故事，我们或飞向太阳，或围绕地球旅行，或冲进空气中，而此刻我只希望大家把注意力集中到一颗小植物上，来探究它的故事。

先来看一首丁尼生的小诗：

墙缝里的花，

我把你从缝隙中拉出来，

连根一起，将你放在我的手中。

小花——倘若我能完全地了解你，

我也能知道，

人类是什么。

虽然我们无法获悉关于这种小花的一切，但我们可以学到足够多的东西，很值得来了解它实实在在的生命，这很有意义。因为植物和动物一样，有生命、会呼吸、会睡觉、会进食，还会消化，尽管二者所采取的方式不同。植物会辛勤地工作为自己谋食，也为其他生物净化空气以供它们呼吸。它们经常认真储备、休眠过冬；春天长出幼苗，就像父母把孩子送出去让他们自己在世上奋斗；到了晚年它们就会死去，把位置让给别的植物。

今天我们要试着追溯它们的一生，首先从种子开始。

————————

❶ 为了让孩子们从这场讲座中充分体验到乐趣，孩子们被要求各自带上一枝报春花、一颗在热水中浸泡过几分钟的杏仁以及一瓣橙子。

　　我这里有一包报春花种子，但它们个头太小了，我们无法检测它们，所以我还给在座的每人发了一颗杏仁，也就是杏树的种子，杏仁已经被浸泡过，所以很容易被对半分开。我们能够通过它了解种子的大体情况，然后类推到报春花上。

　　如果大家把杏仁的两层皮剥掉（外面的棕色厚皮和它下面那层透明薄皮），杏仁很容易裂成两半。一半种子上有个凹痕，而在另一半上大家会看到一个小颗粒，当这两半合起来时，小颗粒就会嵌在凹痕中。这个小颗粒（图21中ab处）是一粒植物幼籽，杏仁的两半就是支撑幼苗生长的胚芽，为植物提供养分直到植物能够自己汲取营养物质为止。胚芽的圆头（b）从杏仁里伸出来，这就是植物的根，而另一头（a）则会变成茎。仔细观察，大家会看到这一端有两个小突起，这就是将来孕育出树叶的地方。想想报春花的胚芽会有多么细小，整个种子仅比一粒沙子大！然而在这小小的胚芽中却蕴藏着一株植物未来的生命。

图21　半片杏仁

a：茎的雏形；b：根的发端

　　一粒种子掉到寒冷干燥的地面上，仿佛沉睡了一样。但潮湿温润的春天一来，忙碌的光波透进土地里，它们就会唤醒胚芽，让幼苗自己长出来。它们来回搅动体内的物质微粒，让这些微粒去捕捉其他粒子并与之结合。

但这些新形成的粒子不能进入根部，因为种子还没有生根，也不能通过胚芽进入，因为胚芽还没有长大，因此胚芽就会开始汲取储存在肥厚子叶里的养分，包括淀粉、油、糖和被称为蛋白胺的物质——当咀嚼麦粒时，大家会发现里面的黏性物质是一种蛋白。这些养分已经做好了被胚芽利用的准备，胚芽把它们吸收之后，长成了一株幼苗，一头是根，另一头是新长出来的嫩芽和叶子。

它是怎么生长的呢？是什么让它长大？大家需要观察另一样东西——橙子，才能回答这些问题。把橙子皮剥掉，你会看到里面有大量长条形的透明袋状物，里面装满了汁液，我们把它们称作"细胞"，所有植物和动物的果肉或肉体都是由这样的细胞构成的，只是各自形态不同。在老树的木髓中，它们又圆又大，容易被肉眼看见；在植物的茎里，它们是长的，并且相互重叠，这样就能使茎干保持直立。有时许多细胞会一个接一个地叠加起来，形成一条管子。不过无论大小，它们都是相互生长的袋状物（见图22）。

图22　一瓣橙子的汁液细胞

橙子果肉里的细胞只装着甘甜的果汁，但橙子树的其他部分或别的植物细胞里含有一种黏糊糊且带有微粒的物质。这种物质被称为"细胞质"，或者称为"生命的最初形态"。因为它富有生命力且活跃，在显微镜下观察活的植物体时，会看到一串串小颗粒在细胞里流动。

现在我们为解释植物如何生长这个问题做好了准备。想象一下，小小的报春花胚芽由充满了活性细胞质的细胞组成，从胚芽里汲取淀粉和其他营养物质。如此一来，每一个细胞都会变得饱满肿胀，无法再被外皮包裹，细胞质被分成两部分并且之间被细胞壁隔开，于是一个细胞就分裂成了两个。然后这些细胞会再次分裂成两个，不断以这种方式分裂下去，因此植物会越长越大，直到耗尽胚芽里的所有养分。然后植物会把布满细须的根扎进土里，把发了新叶的嫩芽伸到空气中。

有时胚芽会自己伸出地面，把养分消耗得一点不剩，胚芽就会穿过它们长出幼苗，比如芥菜。

于是植物就不能再闲散度日了，因为要准备养分养活自己，而且它只能靠自己。直到现在，它所汲取的食物还和你我吃的一样，因为我们也发觉许多种子味道很好，而且营养充足。但是现在它的储备已经消耗殆尽，接下来植物要怎么存活？它在这方面比我们人类聪明，没有食物我们就无法存活，而植物能仅依靠气体、水和矿物质活下去。大家想想自己吃的和喝的东西，会发现几乎都是由生命体制作而成，比如肉类、蔬菜、面包、啤酒、葡萄酒。虽然我们确实会摄入水和盐，甚至铁和磷，但如果你不吃不喝现成的食物，你的工作和生活将变得毫无价值。

而一旦植物生根发芽，就开始从非活性物质中制造出生命物质。它把根上长的所有细毛都扎入水中，而水中多多少少溶解了氨、磷、硫、铁、碳酸钙、氧化镁，甚至还有二氧化硅。所有土质中都含有铁，大家现在知道这对于植物来说有多么重要了吧。

假设我们手里的报春花已经开始利用根部汲取水分了，它是怎么把水向上输送给茎干和叶子的呢？毕竟整棵植物都由封闭的袋状物或细胞构成。植物的生长方式很有趣，大家可以自己验证出来。需要两种液体，一种比另一种稠，比如糖浆和水，二者仅被一层皮或一张多孔的膜隔开，它们通常会混合在一起。如果在一根玻璃管上系个袋子，用糖浆把玻璃管装至五分满，然后把它密封起来，将封口这端放到一杯水里，几小时之后，水就会进到糖浆里，两者的混合物会在管中上升，直到溢出。同理，植物的树液和汁水比水浓稠，所以水会直接进入根部的细胞，然后进入上面的细胞中，与树液相混合。这些细胞里的物质变得比上方细胞里的更稀薄，水就这样通过一个接一个的细胞向上渗到树叶里。

此时，我们的老朋友阳光正在这里辛勤工作。如果大家试过在地下室栽种植物，会发现黑暗中的树叶显得苍白而病态。只有在阳光下生长的植物才会呈现出赏心悦目的嫩绿色，大家应该记得第二讲中的内容，这说明除了把绿色呈现在你眼前的绿色光波之外，树叶消耗了所有的光波。但为什么只有在阳光下它才会如此呢？

原因在于：阳光照射叶子使得其所有的粒子发生振动，细胞质被分成两类储存在不同的细胞中。一类仍保持白色，而另一类靠近表面的位置，被阳光照射和水中携带的铁滋养而产生改变。这种独特的细胞质被称作叶绿素，它不能对绿色光波加以利用，就把它们扔了回去，于是每一个小小细胞质都呈绿色，树叶也就成绿色了。

正是这些小小的绿色细胞借助光波消化食物，并把水和气体转化成有用的树液和汁水。通过第三讲大家已经看到，我们呼吸时会吸入和消耗氧气，呼出二氧化碳。

每个生命体都需要碳，但植物自身吸收不了碳，因为碳是固体（铅笔里的黑芯就是纯正的碳）。而且植物不能进食，只能吸入气体

108

和液体，在此，小小的绿色细胞会来帮助植物摆脱困境。它们吸收我们呼出到空气中的二氧化碳，然后在光波的帮助下分离碳和氧。大部分被它们扔回到空气里的氧被我们利用，但它们把碳留下了。

取一些新鲜的月桂叶放在玻璃杯子里，再把杯子倒扣在装有水的碟子里，把它们放在阳光下观察，很快你就会看到小而明亮的泡沫升起来附在杯壁上（见图23）。这些是氧气气泡，表明它们在水中时从二氧化碳中分离了出来并被绿色细胞释放。

图23　从浸泡在水中的月桂叶中冒出的氧气泡

但是碳变成了什么？一直储存在树叶里的水又发挥了什么作用？大家都知道，水由氢和氧组成，但如果我告诉大家我们从植物中摄取的淀粉、糖和油是由氢和氧以不同数量和碳结合而形成的，你们一定会感到惊讶。

大家一开始会很难想象，碳这种黑乎乎的东西竟然是组成柔嫩树叶和漂亮花朵的一部分，更不用说白糖了。我们可以做一个实验，从普通方糖中提取出氢和氧，然后大家会看到黑色的碳在其中格外醒目。这个碟子里装着一堆白糖，我先倒热水进去将它融化，然后放一些浓硫酸进去❶，浓硫酸把氢和氧提取出来了。看！不一会儿就有一团黑色的碳开始上升，这些碳都是从白糖中释放出来的。所以从植物内最洁白的物质中也能得到黑色的碳，而且实际上，植物内一半的干燥物质都由它组成（见图24）。

图24　碳从白糖中释放出来

再来看这棵植物有多神奇！水缓缓渗进它的根部，通过渗进一个接一个的细胞上行，直到到达叶片为止，然后在这里遇到来自空气的碳并借助光波与之相结合，形成淀粉、糖和油。

但同时新的细胞质是怎么形成的呢？因为没有这种活跃物质的话，接下来的工作就无法继续。这里要用到一种在第三讲中提到过的惰性气体，当时我们认为空气中除了氧气外氮没有任何作用，但在此我们会发现它非常有用。据我们所知，植物不能从空气中吸收氮，不过它们可以通过植物根部汲取氨来获得氮。

大家知道氨气是一种具有强烈气味的气体，由氢和氮构成，闻起来像粪一样令人窒息。在给植物施肥时，就是在为它输送氨，但植物也常常通过土壤和含有氨的雨水来获取这种物质。植物从氨中吸收氮，并将之与碳、氧、氢三种元素结合，形成一种叫作"蛋白胺"的物质，植物的养分大部分都来自这种物质，而且正是这些蛋

---

❶　用常见的商用稀硫酸做这个实验效果不够明显，使用强硫酸时一定要多加小心，它能腐蚀接触到的所有物质。

白胺形成了细胞质。注意，虽然淀粉和其他物质只由三种元素组成，但活性细胞质还需要加入第四种元素——氮才能制成，另外它还含有磷和硫。

所以报春花就这样日复一日、年复一年地把水和根部的氨推上叶片，吸收空气中的二氧化碳，利用光波把它们转化成养分输送到身体各部位。这样看来树叶就像是植物的胃，用来消化食物。

有时输送给叶子的水分超出需求，于是叶子就会张开背面的千万个"小嘴"让水流出去，和天热时我们皮肤出汗一样。这些被称为气孔的"小嘴"由两种可完全吻合的扁平细胞组成（见图 25）。空气潮湿时，植物会张开"小嘴"排出多余的水分，然而空气干燥时，为尽力保存更多水分，植物上的"小嘴"会紧紧关闭。在苹果树叶的背面有成千上万个"小嘴"，所以大家或许能想象出它们有多小。

图 25　叶子上的气孔

有些仅能存活一年的植物只需要能满足日常需求的食物来结出种子，比如，木樨草、甜豌豆，这些我们马上就会谈到。它们的种子一成熟根就会枯萎，也就无法再传输水分。绿色细胞不能继续得到食物来进行消化，而且还被阳光晒干变黄，植物就这样死去。

不过很多植物都比上面提到的木樨草这类植物勤奋得多，会把来年的养分都储存好，报春花就是其中之一。看看报春花叶片下面这块厚厚的固体，新的根部都会从这里冒出来。所有植物生长所需的淀粉和蛋白被输送到地下的茎部储存起来，安静地躺在下面过完漫长的冬季。等到温暖的春天到来时，茎会开始生出新芽长成新的植物。

现在我们已经知道了植物是如何发芽、汲取养分、生长、储存食物、枯萎和死亡的，但还没有谈到美丽的花朵或种子是怎样形成的。如果大家在春日俯身近看报春花的根部位置，会发现总有三四个小蓓蕾依偎在树叶里，我们会看到它们一天天长高，直到暴露在阳光下，然后花儿开放，展示着漂亮的浅黄色皇冠。

大家都知道种子形成于花朵中，而没有种子新的植物就无法生长。但你们知道它的形成过程吗？或者蓓蕾各个部位的作用是什么？让我们一一讨论，我相信大家会赞同我的观点：植物的这个部分太奇妙了。

记住种子是最重要的，注意花朵是怎么保护它的。首先，看看这层绿色外衣，我们称为"花萼"，观察它在花蕾中嵌得多紧，没有昆虫能进来啃食花朵，寒冷和病变也伤害不了它。当花萼打开时，注意看，组成花冠的黄色叶子，每一片都与一片萼叶交替着，因此穿过了第一层覆盖物的东西就会在第二层被拦下。然后当精致的花冠打开时，观察一下花冠顶部可爱的黄色小袋子，这是用来干什么的？（见图26）

我猜我可能会看到两三张充满疑惑的小脸，仿佛在说："我没看到冠顶有黄色小袋子啊。"的确，我不知道你们能不能在手上的样品里看到它，因为关于报春花的有趣事情之一，就是有些花冠顶部有黄色小袋子，而有些则藏在中间。但我可以告诉大家的是，没

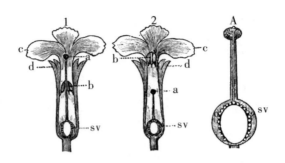

图 26　报春花的两种形态（1，2）

a：花朵柱头；b：雄蕊的花药；c：花冠；

d：花萼或外层覆盖物；sv：存放种子的容器；

A：放大的雄蕊，花粉粒落在柱头上，向下生长

至胚珠；o：胚珠

有在顶部找到黄色小袋子的同学会看到这里有一个圆形的突起物（图 26 中 1 图的 a），还会发现黄色小袋子（1 图中 b）埋在管子中。而在顶部看到了黄色小袋子（2 图中 b）的同学，会发现突起物（2 图中 a）在管子中部。

　　这些被称为雄蕊花药、长在花丝上的黄色小袋子有什么用途呢？分开它们之后，大家会发现里面有一种黄色粉末，叫作"花粉"，和闻百合花时鼻头上蹭的粉末一样。如果你们用放大镜去观察花朵中间的绿色小突起，可能会看到上面粘了一些黄色粉尘（图 26 中 A）。我们把这个放一放，先探究一下突起所处的部位，即所谓的雄蕊。摘掉黄色的花冠（极易脱落），倒转绿色叶子，你们会看见小突起位于一根小柱子上面，这根小柱子的底部是一个存放种子的圆球形容器（图 26 中 sv）。在这幅图上（图 26 中 A），我画上了完整的小球和被切成了两半的柱子，以便大家能够看清楚里面的东西。在小球的中间有很多圆形透明的小型物质，看起来像是满含

汁水的圆形绿橙子细胞。这些细胞的确充满了细胞质，每一个细胞里都有一颗小黑点，这些小黑点最后会变成大家在种子里见过的胚芽。

然后你们会说："这些就是种子了！"还不是，这只是胚珠，或可能会长成种子的微小物质，如果这时候被留下来置之不理，它们就会枯萎死亡，不过，粘在小突起上面的黄色花粉微粒正要下来帮助它们。一旦这些黄色颗粒接触到了突起或所谓的柱头，它们就会伸出管子，顺着小柱子向下方生长，直到抵达胚珠。它们在每个胚珠身上都发现了一个小孔，接着通过小孔进入，然后把花粉微粒中所有的细胞质都倾注到里面，于是胚珠就能长成一粒里面有小胚芽的、真正的种子。

这就是植物在来年长出种子孕育新生命的方式，而此时叶子和根正在准备所需食物。想一想，当你在林中行走时，周围的小型植物和大树工作得多么卖力！你呼吸着它们释放出来的新鲜氧气，却很少想到正是这些植物让空气如此清新，因为看上去仿佛除了享受阳光它们什么都没做。不过在阳光的帮助下，它们确实在世界上发挥了作用。从土里获取食物并进行加工；把树叶转到最好的光照角度（这里主要是紫色的光波在起作用）；通过白天摄取的食物生成新细胞，哪怕在晚上也不断生长；为过冬做好储备；即使位于安静的角落或明亮的幽谷也保持着甜美的微笑，令我们愉悦不已。

但是为什么报春花会有金色的皇冠呢？普通的绿色花冠明明也能保护好种子。现在我们有一个很值得知晓的秘密，再来看下图26中编号为1号和2号的花朵，告诉我你认为花粉是如何到达黏糊糊的突起顶端或柱头的？2号似乎很好解释，因为看起来花粉似乎很容易就能从雄蕊掉落到突起上，而1号花的花粉无法向上走，正如达尔文（Darwin）所说，有趣的真相是这些花都不容易得到花粉，只是 1 号花更甚。

来观察一朵枯萎的报春花，看它是如何垂下头去的。过一小会儿黄色的花冠会落下来，同时雄蕊或花药袋突然爆开，然后被拽到突起上，这里就粘上了花粉，这是 1 号花。但在 2 号这个另一种形态的报春花里，花朵低垂时，雄蕊和突起挨得并不近，所以突起并没有机会得到花粉，而且当报春花直立时，管道太狭窄，花粉也很难落在里面。就像我刚刚所说的，两种花都不能轻易获得花粉，即便它们可以轻易得到花粉，也没什么益处。如果一朵花的花粉被带到了另一朵花的突起或柱头上，那么种子会长得更好，而要实现这个目的，唯一的办法就是昆虫在花丛之间飞舞，用脚和躯体传播花粉。

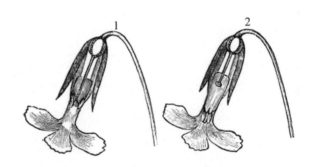

图 27　报春花的花冠脱落

　　1：长着长管状雄蕊的报春花；2：长着短小雄蕊的报春花，雄蕊位于管子的开口处

吮吸一下报春花的管状部分尾端，会发现它是甜的，因为这里藏着花蜜。昆虫钻进去吸蜜时，会碰到黄色的花粉袋，于是花粉就粘到了它们身上，然后昆虫又飞去别的花朵，把身上的花粉擦到这

些花朵黏糊糊的突起上。

观察图 27 中 1 号花和 2 号花，大家会发现，如果有一只昆虫进入 1 号花身上粘上了花粉，而它钻进 2 号花的身体部位正好是粘了花粉的部位，那么花粉就会碰到花朵的突起部分，于是花朵就接受了所谓的"交叉授粉"，也就是说，一朵花的花粉可以为另一朵花的胚珠授粉。当然，这只昆虫从 2 号花飞到 1 号花也是一样的，花粉刚好能触碰到伸出花朵的突起物。

因此，对报春花来说，蜜蜂和昆虫的到来是好事，所以任何可以把昆虫吸引过来的东西都是有用的。一旦昆虫知道浅黄色的花冠代表有花蜜，它在掠过时一定会快速搜寻这些花冠，大家是否也这样认为呢？如果花冠隐匿在昆虫看不到的树篱下面，它们清甜的气味会不会引导昆虫过来找到自己呢？所以大家看，漂亮甜蜜的花冠不只芳香扑鼻，让我们赏心悦目，还可以帮助报春花生成健康强壮的种子，以便来年长出幼嫩的植株。

现在来看看我们已经讲了些什么。我们从一粒小小的种子开始讲起，虽然当时我们还不知道种子是怎么形成的。我们看到里面的胚芽，了解了它一开始如何进食加工好的食物，但很快自己就开始从吸收的水分和空气中转化生命物质。它通过细胞把水送到"胃部"，把水吸收到树叶上的方式是多么巧妙！然后光波进入叶子里促使了绿色颗粒物的形成，并帮助它们生成了食物和活性细胞质，这又是多么不可思议的事情！我们其实可以在这个主题上更进一步研究植物的纤维和各种气管是如何形成的，其实这也是一段奇妙的故事。但要了解这些，需要大家去阅读植物学的相关书籍。我们要继续学习花的知识，研究覆盖在上面树叶的用处、用来吸引昆虫的华美花冠、装着花粉的小袋子，每一株新胚芽都有一粒小小的胚

116

珠，它隐匿在种子管道里，等待着培育到来的花粉，帮助它长大。最后，当花粉潜入细小的开口处，大家就知道胚珠此时已经获得了生长成一粒优良种子所需要的一切。

　　观察报春花的种子，这是我们话题开始的地方，我们知道了一个故事，一个关于报春花从出生到枯萎及死亡的故事。

　　这里是哪些仙子在起作用呢？首先是住在活性细胞质里日日忙碌的小仙子"生命力"；其次是光波。大家都知道叶绿素是在阳光的协助下产生的，然后是水、二氧化碳和氮进入活的植物体后被加工转换，为了完成这道工序，植物把光波抓起来并消耗掉它们的力量，好让它们无法再逃回空中。但它们就这么一去不复返了吗？只要树叶或根茎依然存活光波就跑不掉，但如果植株被破坏它们就会再次回到空中。抓一把干枯的植株用火柴点燃，枯叶燃烧释放出二氧化碳、氮和水分之时，光波也会在火苗和热力中再次回来。

　　那么植物的一生是什么样子？植物是什么？细胞质为什么总是活跃又忙碌？我无法告诉各位答案。虽然我们一直在研究，但这株小小植物的生命和你我的生命一样依旧是个谜团。和所有别的生命一样，我们无法解释它们是怎么来的，也无法知道它们是什么。通过显微镜，我们看到活性小颗粒在移动，却看不见使之移动的力量，我们只知道这是赋予植物的力量，这股力量使得植物存活并造福世界。

一块煤的历史

　　我带来了一块煤，虽然出于某些考虑它的表面已经被切割光滑，但它的确和你们从煤筐里面拣出来的普通煤块没什么区别。今天的任务就是探讨这块煤的历史，了解它当前、过去和将来各是什么。

　　它第一眼看上去不太吸引人，但如果我们细细探究，会发现很多疑问，甚至还有关于它外表的疑惑。观察这个样品的平滑表面，想想自己是否能够解释这些像书的页边一样紧密交错的细微线条。打碎一块煤，会发现它更容易沿着这些线条裂开，而不是沿着其他地方。如果大家想要快速点燃它，应该把带有线条的那一面向下，以便热量能够沿着裂缝上升，逐渐使煤块分裂开来。再者，如果大家小心翼翼地沿着其中一条细线把煤块弄碎，会发现裂缝里有一层细细的木炭屑，于是你们会开始怀疑这块黑煤一定是由薄薄的物质层层叠加形成的，层与层之间还夹着某种黑色灰尘。

你们会回想起另外一件事：煤燃烧释放火苗和热力是因为阳光以某种方式被囚禁在了里面。最后你们还会想到植物，想到它们如何把光波的力量储存到叶片中，并且将黑色的碳纳入体内，甚至存到最纯净最洁白的物质之中。

那么煤是由燃烧过的植物构成的吗？不是的，燃烧过的植物不会再次燃烧。但你们可能已经知道木炭制造商是如何在不让木炭燃烧的情况下把它提取出来并烘干的，然后它会变黑，随后生出旺盛的火。所以大家会知道，或许我们这块煤也是由植物烘烤转化而来，不过内部依旧储存着阳光的力量，在燃烧时这些力量会释放出来。

我在很多年之前去过纽卡斯尔的一个煤矿，如果大家随我同去，开启一段奇妙的旅程，会发现我们完全有理由相信煤是由植物构成的，因为我们在这些煤矿里每走一步就会发现植物残骸。

一起来想象一下，我们穿着还没有破损的旧衣服，踏进被矿工称为"升降笼"的铁筐子，下到矿工们工作的巷道里。也许很多矿工刚在这里挖出大量的煤。因为会看到许多的巷道和巷道顶，我们停了下来，这里暗藏着煤的秘密。当我们降落在巷道的地板上，会发现自己置身在隧道里，沿途装置着铁道线路，装煤车被运送上去，而空车开到矿工作业的地方等待装载。我们拿着矿灯，站在不会挡住矿车前进的位置，首先把光照向巷道顶，它由页岩或硬质黏土构成。我们不需要走多远就能在页岩中看到植物的痕迹，就像从图 28 这个样本中看见的一样，几天前这块煤被人从格拉摩根郡尼思地区的一个煤矿里挖了出来，由于本场讲座被送到了这里。你会立即发现蕨类植物的痕迹（图 28 中 a），因为它们看上去和你在乡间

119

小道的树篱中采集的植物一样，这种长条纹树枝（图28中b）看起来和芦苇没有区别，实际上它们也确实是一类。如果你沿着巷道向前走并抬头看着巷道顶，会发现大量这种植物的印记，和它们一起的还有些别的植物，有些植物的茎长着斑点，有些长着奇怪的菱形图案，总之是各种各样的蕨类植物。

图28　一块带有蕨类植物和芦木茎的页岩

a：蕨类植物的痕迹；b：长条纹树枝遗迹

接下来，低头看脚下，细细观察一下巷道，不出一会儿大家肯定会找到一块石头，它同样来自尼思煤矿，是一块植物的化石，它困扰了化石发现者很长一段时间。不过，最后宾尼（Binney）发现这块样品生长在一棵古树的树干底部，茎干上长着斑点，名为封印木（见图29）。由此表明，这个带有凹痕的有趣石头是一块化石的根，更准确的说法是地下的根，就像我们在报春花里发现的一样。上面小小的凹痕或印痕是分支脱落之后留下的疤。

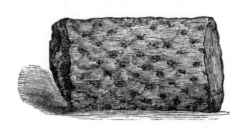

图29　根座——封印木的根部或埋在底下的茎

这些大块的根茎周围散落着丝带状的细根，被发现时掩埋在黏土层中，即形成了煤矿巷道所谓的"底黏土层"。它们向我们证明着这种底黏土层曾经是供煤矿植物生长的土地。当你们看到下面这一切时，会更加确信这一结论。煤矿下不仅有一条笔直的巷道，还有一些向左右方延伸的支巷，而且不管在任何位置你都会发现煤夹在巷道和巷道顶之间，就像一块三明治，表示这里很大一部分地区曾布满扎根于黏土中的植物残骸。

是煤本身吗？我们发现了下面的根和上面的树叶茎干，看起来中间似乎很有可能是由植物构成的，但我们怎么证明？大家马上就会看到。深埋在地下的植物被碾碎，形态发生改变，树叶的痕迹几乎被摧毁，人们通过显微镜观察煤，能够在煤的薄片中看到被压碎的植物残骸。

但幸运的是，即使在煤层中，植物也被保存得完好。你们还记得在第四讲中学到的知识吗？带有石灰质的水能把物体石化，也就是说，在生命体腐烂时，碳酸钙会一点一点地渗入动植物的纤维里，于是准确还原了这个物体的模样。

哈利法克斯附近的南乌莱姆煤层中正好有这种化石，当然别的地方也有，碳酸钙在植物形成化石之前渗入其中，在植物层生成一些像炮弹一样的圆形结核。之后，在这一层全部变成煤之后，这些圆形"炮弹"依然保持着结晶状态，从结核上切下透明的薄片，我们可以清晰地看到叶子和茎，以及一些作为煤炭构成部分的、小小的圆形物质。在大英博物馆里或许可以看到这样的物质，把这些植物部位和我们在煤层里找到的进行对比，会发现它们是一致的，这证明煤确实是由植物形成的，这些植物的根扎在巷道上的黏土里，而顶部向上伸到了现在巷道顶的位置。

下一个问题是，这些植物是什么类型？如今世界上还存在相似的植物吗？大家可能觉得不通过石化的植物碎片是不可能解答这个问题的。但很多人终其一生都在破译这些被发现的碎片，虽然这些内容对你们来说很难理解，但植物学家会像读一本书一样去研究它们。比方说，从植物茎部被切断的地方，植物学家可以准确地知道它们内部构造是什么样子，把它们与现存的植物茎部相比较，而他从树上采集的水果和圆形小孢子也会向他讲述有趣的故事。

至此，我们已经学习并清楚地知道植物变成煤之前的样子。如果现在我告诉大家一件事，大家一定会感到惊讶。在这些形成煤矿的树林里，有时会发现高度为 3～15 米的大树，而地球现存能够代表它们的植物如今却不太起眼，通常没有多高，很少有超过 0.6 米的。

不知道大家有没有见过，主要集中在英格兰北部，长在平原或高山上的小苔藓和石松？每个分支的末端都有一个鳞片状叶子组成的球果，嵌在每片叶子里面的是一个叫作孢子囊的盒状物，里面装满了小孢子或苔藓种子，或许可以这样称呼，虽然它们并不完全像是真正的种子。石松科中有一种叫作卷柏的植物，靠近球果底部的盒状物里容纳着大孢子，而顶部附近含有粉末。这些孢子富含树脂，在欧洲大陆上，人们把它们收集起来用作剧院的人造闪电，因为它们燃烧时会发光。

这种小小的卷柏是现存植物里最像生成煤的巨大树木之一。如果大家观察一幅煤矿森林的图片，会觉得难以相信这些整条躯干都带有菱形印记，从右到左都悬挂着图片，顶部布满枝丫的高大树木，都在某种程度上和小小的卷柏有关联。我们在煤层里的树枝上发现的球果比这大些，但和卷柏的球果长得很像，最有趣的是，里面的孢子和卷柏完全是同一类型，而且并不比卷柏的孢子大。

这些树被植物学家称为鳞齿蕨或鳞木，所有煤矿中都有许多这种树木，其中一棵的躯干足足有 15 米长。它们的树枝以一种奇特的交叉方式分布着，末端长着圆锥形球果。从这些球果中掉落的孢子被压扁在煤中，或许看起来像是散落在煤球里。

另一种生长于煤矿森林中的树很出名，我们在煤矿巷道顶部和巷道上找到过它的根，它叫作封印木，因树干上布满像封印（一种符号）一样的标记而得名，这些封印是树叶掉落之后留下的疤痕。封印木的躯干形成大量的煤，而树皮总是在上层的黏土中被发现，已经被压平，长度为 9 米、18 米或 21 米。有时它不是平的，而是树干的形状，并且里面充满了沙子，于是就非常的重，如果矿工们没有把巷道顶支撑得足够牢固，它就会掉下来砸死下面的人。根座是封印木的根部，通常扎根于煤上面的黏土层中。植物学家还没有确定这棵树的树皮情况，但卡拉瑟斯（Carruthers）认为它们生长在叶子根部，就像长在山脚和湖底的小小植物——水韭一样。

但我们在页岩块中发现的芦苇状茎干是什么？这根茎干非常重要，因为它属于一种叫作芦木的植物，我们马上就会看到，它有助于把泥土从煤中筛出来，使煤保持纯净。这种植物与木贼草是近亲，生长在沼泽地带，和其他树木一样，也非常巨大，一般有 6 米高。然而木贼草几乎很少有超过 0.3 米的，最高也不会超过 1.2 米，而南美洲热带地区的木贼草则要高得多（见图 30）。如果大家曾采集过木贼草，会发现这种叶子像星星一样绕着树枝排列的树只不过是较大沼泽植物的翻版，并且二者的种子几乎一模一样。

鳞木、封印木、芦木、大型蕨树和较小的蕨类植物是形成煤的主要植物。乍一看很奇怪，这些树木如此巨大，而它们的幼苗却如

123

图 30　木贼草

此矮小，但如果大家观察一下现存的主要植物和树木，就能发现它们几乎都会开花，这是一个很大的优势，因为这样会吸引昆虫传播花粉，就像我们上一讲所了解的那样。

鳞木和它的同类没有真正的花，只有我们提过的种子壳。不过，由于它们当时所处的时代没有开花植物，所以土地全部供它们生长得又健康又高大。然而，之后开花植物出现了，它们开始挤掉这些古老可成煤的巨树，于是这些树慢慢缩小，以至数千代之后，它们的后代只能在沼泽地和荒原扬起小小的头，向我们诉说着曾经它们也高大和壮硕过。

确实，它们当时肯定有过光辉岁月，在偏僻的沼泽地里，植物和树木为主要的栖息者，所以这些树木长得繁茂无比。我们在煤矿的黏土层中没有发现可以表明人类曾在那个年代生存过的痕迹，也没有发现有狮子、老虎甚至鸟类穿行于树木中。除了偶尔穿过沼泽地的大型蝾螈或者青蛙的呱呱声，或者陆地上一种蚱蜢发出的叫声，这些庞大的森林里几乎没有声响，和遍地都是丛生蕨类、芦苇或者倒映着这些植物的大水面、湖泊相比，这些生物确实是少之

124

又少。

现在，如果大家对形成煤的植物有了一些想法，就可以提出这个问题了：这些植物是怎么被掩埋在土里，形成纯净的煤，而不是枯萎腐烂后只留下一些土和叶子的混合物？

为了解答这个问题，我要带大家开启另一段旅程，请大家随我穿过大西洋来到美国海岸。登上弗吉尼亚州的诺福克，因为这里可以看到一种像煤林（生成煤矿的树林）一样的生态环境。诺福克四周地势低洼平缓，沼泽众多，一片巨大荒芜的沼泽从诺福克的南部一直远远延伸到北卡罗来纳州，长度不低于 60 千米，宽度不小于40 千米。这儿整个地区都是一个巨大的沼泽，长满水生植物和树木，腐烂的树叶、杂草、树根和茎干落进像墨一样黑的土壤里，土壤非常松软，如果不是因为苔藓、蕨类植物和其他植物的根缠结在一起铺在上面，任何东西都会很快陷进去。往下挖个三四米，你就能找到世世代代在这里出生和死亡的植物残骸，长着黑色躯干的树木在这里或那里倒下，逐渐被植物残骸覆盖。

整个地方都是如此的安静、阴郁和荒凉，故而得名"大荒沼"❶。这里很有可能是一个煤层的源头，因为泥炭干燥后会变硬，可以生出旺火，被压实硬化之后和煤就没有区别了。如果我们能够先解释这层泥炭如何保持不掺杂泥土的状态，那么就能帮助我们理解它是怎么形成的，即使这些生长在沼泽里的植物和树木与长在煤林里的不同。

解释起来并不困难，水不断往这里流，或者更确切地说是从西部陆地渗入大沼泽之中，和流进海里的流水一样，这些水没有携带

❶ 迪斯默尔沼泽。——译者注

泥沙,还是干净清澈的水。当水流过沼泽周围数千米长着芦苇、蕨类植物和灌木的茂密丛林时,水中的泥土就被筛滤留在了后面。这样一来就没有泥土颗粒进入和裹挟死亡植物里的海绵体,同时水和浓密的树荫也阻挡了空气和太阳分解树叶、根茎等植物部位。因此,年复一年死去的植物留下残骸,其他植物又在此扎根,沼泽的泥层变得越来越厚。高大的雪松和常青树在这片沼泽森林中大量生长和死亡,它们置身于松软的土地中,很容易被风刮倒,留下树干被长势旺盛的苔藓和杂草覆盖。

现在我们知道煤林里曾长着大量茂盛的蕨类植物和芦木,因为在黏土层的各处都发现了它们的残骸。所以我们能够轻易地想象出由这些树木组成的茂盛丛林是如何包围着煤沼泽的(形成煤的沼泽林),就像现存的植物围绕着大荒沼并把所有土地物质阻挡在外一样。于是,年复一年,植物在这里死亡并形成厚厚的泥炭,而后变成煤。

下一个要探究的是包裹着煤的页岩层或坚硬的黏土层。随着时间的推移,地球上的陆地会慢慢上升或下降,有些地方的干燥土地被带到海底,而另一些地方海床会被抬高露出水面。那么大胆假设一下,大荒沼逐渐下沉被海水吞没,其中的芦苇和灌木被淹死。来自西方的河流不再被筛滤而是携带着细沙,泥沙沉积在植物残骸上,形成一层沉积层,如同尼罗河和密西西比河三角洲区域。大家很容易就能理解这里的泥土里面有很多死去树木和植物残骸的碎片,它们被泥土覆盖窒息而死,残骸被保留下来,就像我们在煤矿巷道上发现的那样。

但煤矿里的砂岩依旧需要解释,它们是怎么进入煤层的?要解释这个问题,我们得先假设地面继续下沉,直到海水覆盖了整个沼泽曾经的所在地，海水携带的沙子会落到黏土上，新的沙子往上堆积并慢慢下压，直到形成固体的砂岩，土地中的煤层就被掩埋得越来越深。

很久之后，厚厚的砂岩完全形成，此时土地可能已经停止下沉，也许陆地还上升了一点，于是海水退了回去。之后河流再次携带着泥沙过来形成新的黏土层，于是蕨树、芦木、鳞木以及封印木长成另一片丛林，新的森林就这样出现了。于是在地下煤层上方数百米的地方，第二层泥炭和植物物质开始积累，形成新的煤层。

这就是曾经在土地上美丽地生长、现在又被我们从地下深处挖出煤的故事。有些煤已经被河水卷走或被海浪切削了，所以我们无法确切地知道英格兰的哪些土地曾孕育过森林，但可以确定的是，现在挖出煤的地方，曾经一定有森林。

大家试想一下，诺森伯兰郡和达勒姆的东海岸现在被煤尘染黑，被火炉释放的烟熏得脏乱不堪，锤子和蒸汽机不停地工作，推车和卡车来回奔波，使得这个地区回响着劳动的声音。多年以前，寂静的沼泽被参天大树遮蔽，植物层不断形成，就有了我们现在如此宝贵的煤。在繁忙的兰开夏❶也曾发生过同样的事情，甚至在约克郡和德比郡中部，海水肯定也曾冲刷进一片寂静的海岸，而那里长着一片1800～2000平方千米的广阔森林。英格兰中部的另一个小型煤田也在讲述着同样的历史故事，而南威尔士深深的煤矿和大量的煤层提醒我们，若干世纪以来森林一定在这里蓬勃生长过，然后一次又一次被海水带来的泥沙掩埋。

但是，又是什么让这些植物残骸变成坚硬的煤层呢？首先你必

---

❶ 英格兰西北部的州。——译者注

须记住，它们上面覆盖着巨大的岩石，我们甚至可以通过普通的铅笔来了解这方面的内容。曾经，我们用来制作铅笔中黑铅的（我们错误地称之为黑铅）石墨或纯碳是从地下挖出来的，但如今由于需求量太大，我们不得不收集石墨粉，然后对其施以重压，这样就可以做出能被切成铅芯以制作普通铅笔。

机械施加的压力和煤层承受的压力相比简直不值一提，数百米高的硬石头压在煤层上，一压就是数千年，也有可能达数百万年。此外，大家知道地下内部某些地方温度极高，在发现煤的地方，许多石头都被加热变形了。可以想象，煤不仅被压缩成固体，而且其中树叶里面的油和气体往往被热量排出，可以说是整个被烤成了一种物质。燃烧时释放明火的煤和只是发热发红的煤之间的主要区别在于，一种比另一种烘烤和挤压得更强。有明火的煤依旧保留着植物储存在叶子里的焦油、气体和油，这些物质会在燃烧时把阳光释放进火焰里。相反，坚硬的无烟煤体内已经失去了大量的油，仅剩下碳，于是与空气中的氧燃烧时没有产生火焰。焦炭是一种纯碳，由人工从煤里面的油和气体中提取而来，生活中所用的煤气就是这种提取物的一部分。

我们在这里可以轻易地制作出煤气。我带了一支烟斗，烟斗槽里装着少许煤粉，宽槽口用黏土封好了。当我们把烟斗槽置于酒精灯上加热时，气体从烟斗窄端排出，而且很容易被点燃，这就是煤气的制作方式，只不过用来烤煤的是熔炉，气体会被排到大储存库里待用（见图31）。

一开始大家会觉得很难理解，为什么煤里面充满了油和焦油？你们想想看，植物里面有多少这种物质，尤其是植物种子。想想杏仁油、薰衣草油、丁香油、香菜油，还有从松树里得到的可以用来

图 31　制作煤气的小装置

制作焦油的松节油。当大家想到这些和更多植物，以及石松种子里大部分都是油的时候，你们就能很容易想象到大片的成煤植物被压碎排出大量的油，这种油被极高的温度加热时会变成气体上升。大家经常能看到在火里加热的煤块会渗出焦油，产生小小的黑色气泡，气泡会爆裂并燃烧。詹姆斯·杨（James Young）正是从这种焦油中首次制作出我们用于照明的石蜡油，而且石油精也是从这种物质中提取的。

从石油中我们可以提炼出一种叫作苯胺的液体，该液体可用来制作许多绚丽的染料，比如紫红色、洋红色和紫罗兰色。最有趣的是，苦杏仁、梨汁和许多孩子们非常喜欢的甜食，实际上都是用煤焦油中的香精来调味的。因此，我们不仅能从煤里得到所有的热量，还能制作出漂亮颜色和美妙风味。刚刚我们谈论过，形成煤的植物是不开花的，但它们死去很久之后为我们提供的悦目色彩，与当今世界上任何一种花都可以相媲美。

想想看，这些生存并死去多年之后的植物为我们做了多大贡献！如果它们能够开口争辩，或许会说自己在这个世界上似乎没有太大用处。它们不绽放漂亮的花；除了一些吱吱鸣叫的爬行动物以及小蟋蟀和蚱蜢之外，也没有谁欣赏它们清新的绿叶；它们世世代代只在一个地方生生死死，似乎没有为任何事或任何人伸出过援手；它们被挡在视野之外，挤压到黑暗的地下以至变形，变成黑色坚硬的煤，失去了原本好看的外表；它们在那待了几个世纪，甚至几千年，却依旧好像没有谁需要它们。

后来，在地球上生存很久之后的人类某天开始用木头生火，很快就把森林里的树木用尽了。然后人们发现这种黑块可以燃烧，从那时起，煤就变得越来越有用了。森林树木被用光之后，如果没有煤，我们屋子里不会有温暖，街上不会有灯光，我们也无法熔化大量的铁矿石来提炼铁。在苏塞克斯就有这样的案例。这整个地区都布满铁矿石，圣保罗教堂院外的栏杆就是用苏塞克斯的铁制成的。有足够木材供应的地方就有铸铁厂在运营，但这项工艺渐渐被废除了，最后一架熔炉于1809年淘汰。因为苏塞克斯如今没有煤了，所以那儿的铁被闲置着。而在北方铁矿石靠近煤矿的地方，每天都有上百吨的铁被熔化提炼出来。

没有煤就没有任何类型的发动机，因此也就没有棉织、亚麻和刀叉的大型制造厂。事实上，我们使用的所有东西都是历经重重困难制造出来的，并只能少量生产。即使我们能做出这些东西，也不可能把它们运往世界各地，因为没有煤的话就没有铁路和轮船，而只能用慢船沿着运河输送货物。现在只要几个小时就能到达的地方，我们却需要花上很多天或者好几个月。

如果这样，我们会一直保持贫穷状态。没有工厂和工业生产，我们需要依靠在地里耕作来生存，每个人都不得不为三餐而劳作。而且任何人都没有多少时间和机会学习科学、文学、历史，也得不到舒适的生活。

　　所有这些看起来没什么价值的远古植物和树木其实已经为我们做了很多，而且正在这样做着。世界上有很多人抱怨生活很无聊，好像没有什么事是特别为他们而做的，因为他们没有看到生命的意义。我建议这些人，无论是大人还是小孩，都要知道成煤植物的历史。植物在自己短暂的生命中没有见证任何结果，它们只是享受着阳光，做着自己的工作就满足了。它们活着又死去上千年，或者是上百万年之后的今天，我们感恩它的伟大，很多的欢乐和舒适，很大程度上归功于那些植物储存到体内的阳光。

　　它们在火中、灯光中和发动机中再次散发出能量，并做了我们大部分的工作。教会我们：

事事都有目标，

待造物完成，

没有一种生命会被毁灭，

像垃圾一样被扔向虚空，

为了纪念，活着。

第九讲

蜂巢里的蜜蜂

今天我要邀请大家和我一起参观世界上神奇的城市之一，这里没有人类，但它人口稠密，因为这样一座城市可以容纳两万到六万的居民。大家可以在这里找到街道，却找不到人行道，因为居民们都沿着屋子的墙壁行走，而房间里看不到窗户，因为每栋房子都是为其主人量身定做，门是唯一的开口。尽管这房子不是人工建造，但都以最均匀和最规则的方式层层排列。零散分布着一些比别处更宽敞的华丽宫殿，它们矗立在街角处，引人注目。

有些普通的房子是用来居住的，而另外一些房子则作为储藏室，夏天储存好食物以便居民们在不能走出墙外的冬天享用。并不是说大门永远都关闭着，这没必要。因为这座奇妙城市里的每位居民都遵纪守法，在该出门的时候出门，该回家的时候回家，也会根据自己的职责待在家里。冬天外面很冷的时候，居民们没有火来提升温度，只能聚集在城里取暖，绝不冒险出门。

一位女王独自统治着这众多的人口，大家也许会觉得，这么多人为她而忙，她应该除了娱乐就没什么事可做了吧，恰恰相反，她也有法则和行为规范需要遵守，除了一两个周之外，绝不走出城门，和其他居民一样，努力履行自己的王室职责。

只要天气好，这座城市从日出到日落都充满生活气息、各种喧闹忙碌的活动。虽然门很窄，居民们只能擦着身子走过，但每小时仍有上千位居民进出。一些居民在运送建造新房子的材料，另一些居民忙着为冬天储存食物和补给。虽然这群快速移动的族群显得混乱无序，但其实每位居民都有自己的工作，完美的秩序统治着所有居民。

就算大家没能从本次的标题中得知这座城市是什么，也能从我上面的描述中知道这是蜂巢。因为全世界除了蚁丘，我们还能在哪里找到像蜜蜂这般忙碌、勤劳又有序的族群呢？一百多年以前，一位盲人博物学者弗朗克斯·哈伯（Francois Huber）开始研究这些神奇昆虫的习性，在妻子和一位聪明男仆的帮助下，他成功掌握了它们的大部分秘密。在他之前没有博物学者成功观察过蜜蜂，因为蜜蜂不喜光，它们被博物学者关在玻璃箱里面时，会在开工前用黏剂把玻璃箱遮起来。但哈伯发明了一种可以任其开合的蜂巢，里面再放置一个玻璃蜂箱，这样他就能悄悄观察到工作中的蜜蜂。得益于他和跟随其脚步的其他博物学家的研究，我们如今对蜂巢的了解几乎和对我们自己家了解一样多。如果我们跟着去了解一下蜜蜂城市的建筑和居民生活，我想大家会承认它们是一个神奇的族群，承认说一个人"像蜜蜂一样忙忙碌碌"是对他极大的褒扬。

为了给故事开个好头，我们先假设在 5 月某个美好的早晨来到了一座乡村花园，太阳在头顶上光芒四射，我们看到一颗老苹果树的树枝上挂着一个黑黑的东西，看起来很像一个大型的葡萄干布丁。然而，近看会发现这是一个巨大的蜂群，它们的腿紧挨在一起，每只蜜蜂的前腿都搭在前一只蜜蜂的后腿上，两万只蜜蜂就这样紧贴在一起，然而它们又非常自由，即使位于蜂巢中心，一只蜜蜂也能随时从伙伴中跳脱到蜂巢外部。

如果任由这些蜜蜂自己行动，过段时间它们会在一颗空心树里、火屋檐底下或其他洞穴里开始安家筑巢。不过，当我们想得到它们的蜂蜜时，就会带来一个蜂箱，放在蜂群下方，轻轻晃动蜜蜂停靠的树枝，让它们掉进蜂箱里铺的一块干净的亚麻布上，然后放在蜂箱架子上。

现在假设我们能够观察到蜂箱里的一举一动。五分钟之内，这些勤劳的小昆虫开始散开并安排新家。有一部分（大概2000只）大而迟缓、颜色较其他更为暗淡的蜜蜂确实会在蜂箱里漫无目的地游荡，等待其他蜜蜂喂食并帮它们建造住处，它们是雄蜂或称为公蜂，除去一两天之外，它们一生中绝对不做任何工作。而较小的工蜂立即就开始忙碌起来了。有些蜜蜂飞去采花蜜，其他蜜蜂在蜂箱里四处走走，观察有没有裂缝。如果有，它们会去马栗树、白杨树、冬青树或其他有黏性的植物里，采集一种叫作"蜂胶"的树胶来填补裂缝，使之密封。还有一些蜜蜂围在一只颜色更黑、身体更长和翅膀更短的蜜蜂周围，因为这是蜂后，它们必须看护和照顾它（见图32）。

而绝大多数蜜蜂开始在箱顶聚合成簇悬挂起来（见图33），就像在苹果树枝上那样。它们在那儿做什么？观察一会儿，大家很快就能看到一只蜜蜂从中出来停在蜂巢里最顶部的位置，不停地转圈

图 32 分工不同的蜜蜂

1. 工蜂 2. 蜂后 3. 雄蜂或公蜂

图 33 带有细胞基底的蜡板挂在蜂巢栏杆上

好让别的蜜蜂退回去，给自己腾出工作的空间。它开始用前腿抓自己身体的下半部分，然后从腹部下方的奇怪口袋里掏出一层蜡。它用爪子抓住这层蜡，用坚硬锋利的上颌像钳子一样反复撕咬它，再用舌头把它打湿成糊状，像丝带一样抽出来贴在蜂巢顶上。

结束之后它又会取出另一片蜡重复同样的工作。因为它身上有8个这样装着蜡的小袋子，它会一直如此，直到把这些蜡用完为止。然后它会飞离蜂巢，把一小片蜡留在蜂巢顶上或者穿过蜂巢顶的横杆上。接着它的地盘就被另一只蜜蜂占领了，这只蜜蜂也会进行同样的动作。这只蜜蜂工作完之后，又会有另一只蜜蜂跟上来，如此循环，直到一面大蜡墙建造完毕。它们像上图一样挂在蜂巢的横杆上，只是因为蜂房还没有完成。

与此同时，出去采蜜的蜜蜂满载而归，但它们无法储存蜂蜜，因为用来存放蜂蜜的蜂巢还没有竣工。而且这些蜜蜂也不能和剩下的蜜蜂一起建造蜂巢，因为它们的蜡袋里已经没有蜡了。于是它们就出去安静地攀着别的蜜蜂，在那里待上24个小时，在这段时间里它们消化了采来的蜂蜜，一部分蜂蜜形成了蜡从它们身体下面的鳞片渗出。然后它们就排队工作，把蜡贴在蜂巢上。

现在，一个粗糙的蜡块一准备好，另一组蜜蜂就来工作了，它们称为护理蜂，因为它们的职责是建造蜂房和喂养幼蜂。其中一只蜜蜂站在蜂巢顶部，开始用头去推蜡，头来回摆动着用颌对蜡进行撕咬。很快它就咬出了一个圆形的空心，然后又咬出另一个，而第二只蜜蜂代替它把第一个空心扩大。做这项工作的蜜蜂有20只之多，它们一只接一只地工作，直到孔大到足以用作蜂房的基础架构。

与此同时，另一组护理蜂用同样的方式在蜡的另一边工作着。就这样巢的两边出现了一串背对背的孔洞。建造蜂房墙壁的蜜蜂很快建造出很多六边形的管子，大约有1厘米深，沿着每一条巢边而立，等着接收蜂蜜或蜂卵。

大家看下图c、d处蜂房的形状（见图34），注意它们彼此之间有多么匹配。其末端处的形状也很独特，当背对背放置时，一个蜂房的底部匹配着另一边三个蜂房的末端（图34A），而另一面的三个蜂房又对应着周围的空处。通过这一设计，聪明的小蜜蜂把所有空间都填满了，使用最少的蜡，把蜂房造的密不透风，如此一来，幼蜂住进去时巢就能保持温暖。

有些蜜蜂不住在蜂巢里，但它们都会为自己造一个家。比如装饰蜂会在地上挖一个洞，然后用花和叶子来装饰它。石巢蜂建的巢是圆形而不是六边形的，因为空间对它们来说不是问题。但大自然

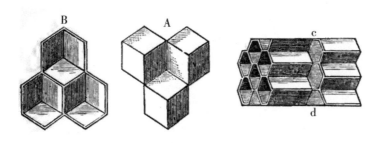

图 34 蜂房及内部结构

B 展示的是一个蜂房封闭端的中心，它和蜂房 A 中的三个
封闭处的中心空间相匹配，而这三个封闭单元的末端又与 B 中的
空间相匹配，c、d 为蜂巢单元的侧视图

已经逐渐教会了这些小巢蜂把巢建得更加紧实，直到巢与巢之间能
够完美嵌合。如果在软质材料上弄出一些紧挨的圆孔，然后从各个
方向挤压它，圆形逐渐会形成六边形，表明这是它们能被挤压到最
大限度的形状。尽管蜜蜂并不知道这些，但当它啃掉每一处可以被
省掉的蜡时，就把孔变成了这个形状。

　　一个小巢完成之后，蜜蜂就会在旁边开始筑另一个小巢，只在
两巢之间留下一条狭窄的通道，不过足够两只蜜蜂来回爬动，所以
这项工作会继续到蜂窝里建满蜂巢为止。

　　然而，当第一个蜂巢里的巢房建有十多厘米高时，蜜蜂就不再
把带回家的蜂蜜挂起来做成蜡，而是把蜂蜜储存到蜂巢里。大家都
知道蜜蜂是在哪里又是如何采蜜的。它停在一朵花上，吸出一滴花
蜜。接着它把这滴花蜜吞下，沿着喉咙一直流到一个蜜袋或者第一
个"胃"里，即它的咽喉和真正的胃之间。当它返回蜂巢，它可以
把这个袋子清空并通过嘴把蜜重新送到蜂巢中。

　　但如果大家仔细观察蜜蜂，尤其是在春天里，会发现除了蜜它们还会带别的东西回来。清晨，露水降落在地，或在白天晚些时候，在潮湿、阴凉的地方，大家或许会看到蜜蜂在花朵上面摩擦自己，或啃咬那些我们在第七章中提到过的装黄色粉尘或花粉的袋子。当它身上沾满花粉时，会用脚把它们拨下来，并放进嘴里沾湿卷成一个小球，然后从第一对脚传到第二对脚，再到第三对脚，最后到后脚。它会把小球塞进一个叫作"花粉筐"的带毛的小槽里，小槽位于后腿的关节处。当它在花丛中盘旋，总是会这样把后腿塞得满满的。它回到蜂巢后，护理蜂会把它腿上的花粉球卸下来自己吃掉，或将之与蜂蜜混合起来喂养幼蜂。如果有剩余的就存到竣工的巢房里备用。这是一种又黑又苦的东西，叫作"蜜蜂面包"，常常出现在蜂巢里，尤其是在夏末被填满的巢房里。

把身上的蜜蜂面包卸下来之后，蜜蜂会去一个新蜂房，站在边上把蜂蜜从蜜袋注入新蜂房里。一个蜂房可以容纳许多蜜袋里倒出来的东西，于是这些小工人必须从一个蜂房到另一个蜂房地整日忙碌。蜂房里又厚又黏的蜂蜜用于日常进食，剩下的会被蜜蜂用蜡封存在里面以备过冬。

与此同时，蜜蜂在蜂巢中安顿了一两天后，蜂后开始变得焦躁不安。它走出蜂巢，盘旋了一会儿，然后又进来，虽然蜜蜂都非常密切地注视着它，把它关在室内，但现在仍然会让它做自己喜欢的事。它进进出出，最后飞向空中。但它不能单独出去，所有的雄蜂都跟在它身后，形成一个仪仗队，蜂后去哪儿，它们就去哪儿。

蜂后在飞行两天后回来开始做这项工作。除去已经被蜂蜜填满的蜂房，还有很多蜂房空着。被许多蜜蜂护送回来的蜂后去到其中一间，把头伸进去感受一会儿，看看这个地方对幼蜂来说是不是个合适的家。如果适合，接着它会转过身去，在这间蜂房产下椭圆形、灰白色的卵。它产完之后不会再关注这些卵，而是去到下一个蜂房，重复同样的事情。一视同仁地在蜂巢两边的每个空蜂房里都进行产卵。它的动作如此之快，有时候一天能产下两百个卵。

两三天的时间，这些卵就能长成幼虫，护理蜂用嘴把花粉和蜂蜜搅拌好投喂到蜂房中，于是幼蜂就沐浴在了甜蜜中。五六天之后幼蜂就变肥到几乎把蜂房挤满，然后蜜蜂用一层薄薄的蜡把蜂房封住，只在中间留下一个小小的环状物和一个细细的孔。

一旦幼虫被盖住，就会从下嘴唇吐出一条白色的丝质薄膜，由两条丝状物黏在一起组成，通过它结出一层覆盖物或茧，继续在巢里待个十天左右。卵产下二十一天后，幼蜂就长得非常完整了（见

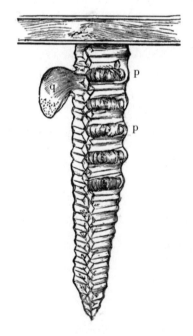

图35　蜂房

孵卵的巢房被打开，在 p 处卧着幼蜂，较低的巢房里的卵之后也会长成蜜蜂；q：蜂房

图 35），开始躺在巢里吃前面的茧和封住蜂房的蜡，然后爬到巢外。此时护理蜂会再次来到它身边，摆动着翅膀24小时看护喂养它。这些小蜂做好了开始工作的准备，它会飞出去采集花蜜和花粉，像其他的小工蜂一样。

到了这个时候，蜂房里可以工作的蜜蜂越来越多，蜂蜜和花粉粒的储存速度也相当快。就连幼蜂长大之后空出来的蜂房，也被护理蜂清洁干净后装满蜂蜜。这种蜂蜜比储存在干净细胞中的蜂蜜更深，因为它非常纯净清透，我们把它称为"蜂王浆"。

最终，六周后，蜂后停止了产工蜂卵，并开始在更大的蜂房里产卵。大约二十天后，卵里面会孵出雄蜂或公蜂。与此同时，工蜂开始建造一些非常奇怪的蜂房（图35中的q），看上去像是挂着敞口向上的顶针。大概每三天的样子，蜂后会停止产雄蜂卵，转而来到这些蜂房里产卵。注意，它过来产卵的时间总是间隔三天，我们马上就能知道它这样做的原因。

护理蜂会照料好这些卵，不会在蜂房里投喂普通食物，而是放入一种甜甜的、有刺激性味道的胶状物，因为幼虫是公主，即未来的蜂后。奇怪的是，好像是这种特别的食物和蜂房的大小使幼虫长成可以产卵的母蜂，因为如果一个蜂群不幸失去了蜂后，它们会找来一只普通的工蜂幼卵放进皇室蜂房中，喂它胶体，然后它就成为蜂后。公主一被关起来就开始结茧，但它不会把茧结得像其他蜜蜂一样密不透风，而是在顶部留出一个小孔。

皇室的卵被产下来之后的第十六天结束时，长大一点的公主开始在自己的巢里咬出一条路，而此时老蜂后变得躁动不安、心烦意乱。因为一个蜂窝里不能有两只蜂后，它知道女儿很快会把自己从王位上赶走。而她不想为自己的王位和女儿战斗，于是她决心带上自己的臣民去找寻一个新的家园。如果大家在这个时候观察蜂巢，会注意到很多蜜蜂带上蜜之后，把身体搭在一起，耐心地挂着，为的是在准备启程时获得足量的蜡，而蜂后则仔细地守望着阳光明媚的某个日子，好在这一天匆忙起飞。因为蜜蜂绝不会在潮湿或者阴晴未定的日子里起航。如果大家能考虑到雨水会打湿它们的翅膀，溶解它们身体下的蜡，就很容易知道它为什么会选择天气好的时候出发。

与此同时，年轻的公主开始失去耐心，试图走出它的蜂房，但工蜂会把它推回去，因为它们深知两位蜂后一旦见面就会爆发一场可怕的战争。于是它们会用新鲜的蜡把公主留出来的孔补上，再放入一些食物供它生活，直到它得到释放。

最后合适的时机来了，在早上10点或11点，老蜂后会带着大约2000只雄蜂以及12000只到20000只的工蜂离开蜂窝，这些蜜蜂聚集在蜂后周围，直到它找到一根树枝，然后它们形成一个紧密的族群，为建造新的蜂窝或寻觅一个新家园做准备。

现在我们回到旧蜂窝去看看。在这里，获得解放的公主以无上荣耀统治着王国，工蜂们簇拥着它，照料喂养着它，似乎怎么做也不足以展示它的尊贵。但它依然不开心，坐立不安，跑来跑去，似乎在寻找一个敌人，它试图接近那些仍然关着其他年轻公主的蜂房。但工蜂们不会让公主碰到它们。最后它静静地站了一会儿，接着开始用翅膀在空气中拍打，浑身颤抖，翅膀拍得越来越快，直到发出一声尖利声响。

听！回应它的是什么音调？是一种低沉、嘶哑的声音，来自年龄仅次于公主的蜂房。现在我们明白为什么年轻的蜂后如此不安了。因为它知道妹妹很快就会出来，蜂房里的声音越来越强，战斗就会越早打响。所以它决定效仿母亲,带领第二批人离开。但它没时间等待风和日丽的日子,因为它的妹妹正变得非常强壮,可能会在它离开之前从蜂房里出来,于是第二批蜂群就这样离开。这就解释了为什么蜂后产公主卵时会间隔几天,因为如果被同一天产下,就没有时间可以让上一位公主在下一位出来之前带着蜂群离开了。有时工蜂没看住,两位女王就会相遇,斗个你死我活。或者有时两只蜂后带着同一批蜂群离开,没有发现对方的存在,但这只是把它们的战斗推出到进入的新蜂窝而已,其中一只被杀掉只是迟早的事情。

现在,第三位蜂后开始统治旧蜂窝,它和前面的蜂后一样焦躁不安,因为还有更多的公主等着出生。但这次如果没有新的蜂群愿意出发,工蜂们就不会再试图保护年幼的公主。年轻的蜂后冲到第一个视线范围内的蜂巢,用喙咬个洞,然后把蛰从茧子上的孔刺进去,杀死仍被关着的幼蜂。接着又去下一个蜂巢,再下一个……在杀死所有的年幼公主之前绝不停歇。然后它就心满意足了,因为它知道没有别的女王会来推翻它的统治。几天之后,它会带着雄蜂们回到蜂巢过冬。

一个非常奇怪的事情发生了。雄蜂们不再有用,因为蜂后不会再飞出去了,这些悠闲的蜜蜂在蜂巢里无事可做。于是工蜂开始掠杀、踩踏它们,并把它们蜇死,而雄蜂没有刺可以抵御和反击,于是几天之后这儿就没有一只雄蜂了,甚至一个雄蜂卵也没留下。这场大屠杀对我们来说似乎是可悲可叹的,因为可怜的雄蜂在无所事事之前没做过任何不好的事。但如果大家知道其实它们也活不过几个星期,就不会觉得这么悲伤了。就算它们没有遭到袭击,冬天一来,蜂群养不起没用的蜜蜂,所以快速的死亡或许对他们来说比忍受饥饿更幸福。此时所有存活下来的蜜蜂都安顿了下来，喂养幼蜂，为冬天储备补给。

而正是在这个时候，在它们辛勤劳作并储存好蜂蜜之后，我们来到这里取走它们的蜂蜜。我们能从一个储量丰富的蜂巢里采到大约13千克的蜜，而且不会让这些勤劳的小居民饿死。但接下来我们必须经常反过来喂养它们，在它们找不到花蜜吸食的深秋和下个初春给它们提供糖浆。

虽然现在蜂巢相对来说变得安静，里面的劳作也没有兴奋的气息，但每一只蜜蜂都有自己的工作，哪怕是在蜂房外。除了采蜜蜂和护理蜂外，还有一定数量的蜜蜂被要求为蜂巢通风。大家应该很容易理解，众多昆虫聚集在一起的地方热量也会变得很大，空气变得污浊不堪，没有窗户可以打开让新鲜空气进来，所以这些蜜蜂就必须从一个开口处把风扇进来。它们的方法非常有趣，一部分蜜蜂站在门口并面向着它张开翅膀，把翅膀变成扇子来回挥动，产生一股气流。在这些蜜蜂身后的地板上也有蜜蜂，它们背向入口，用同样的方式扇动翅膀，就这样气流被输送到所有通道。

另一组蜜蜂在幼蜂出生后清理蜂房好用来装蜂蜜，还有一些蜜蜂则守卫在蜂窝入口，防止有害的蜡螟进去产卵并让其幼虫吸食蜂蜜。勤劳的人都得保卫自己的财产，否则会受到小偷和游手好闲者的侵害，蜜蜂也面临着这样的敌人，比如黄蜂、蜗牛和鼻涕虫，它们一逮着机会就会爬进蜂巢。如果它们成功从哨兵蜂眼皮底下逃脱，进入蜂巢也会发生一场战乱，通常入侵者会被蜇死。

不过有时候，蜜蜂杀死了敌人却不能把它们的尸体拖出去，因为蜗牛和鼻涕虫太重不能被轻易搬动，哪怕它们的存在会让蜂巢很不健康，但也只能把它们留在里面。在这种困境下，聪明的小蜜蜂想出了办法，它们从植物的花蕾中提取蜂胶粘封住动物的尸体，这样就可以防止其腐烂，于是它们继续在这座美丽城市生活下去，从早到晚地建造、采集、储存、护理、通风和清洁，在短短的八个月生命里，做了相当多的工作。只有在这个季节出生的幼蜂，才能活到来年春天继续工作。蜂后活得久一些，大概两年，在产下几千个孩子之后死去。

我们已经指出，在大自然的科学仙境中，所有事物都在齐心协力地工作，以便从混乱中恢复秩序。但尽管我们顺理成章地希望风和气流、河流和云朵，甚至是植物能够遵守既定规则，却极少期待这种规则出现在活泼、独立、忙碌的生活中。它们自己有专门的工作要做，并且做得井然有序。

本讲我们谈论了蜂巢中的蜜蜂，注意到它的本能是如何不可思议地引导着它进行日常生活，而在过去的几年中，我们已经知道它在自己家园之外的世界有着多么精妙绝伦的表现，我们不仅要感激它们制作出了香甜的蜂蜜，还要在一定程度上感激它采集花粉时拜访了那些花朵，为我们带来美感与色彩的奇妙体验。这将成为我们下一课的主题，我们热爱蜜蜂勤劳、耐心和遵守秩序，同时，也要感怀于大自然的奇妙法则，这种法则指引蜜蜂下意识地爱着围绕着它的花朵。

蜜蜂与花

想象自己在炎炎夏日的早晨，身处一个漂亮的乡村花园。也许你一直在散步、读书或者玩耍，但是天气实在太热了，所以你不得不待在花坛边的老胡桃树下，那个最阴凉的角落，如果不是天色还早，你都要睡着了。

你躺在那儿什么也不想，偶尔能闲下来是多么愉快的事情啊！这时你听到附近有轻柔的嗡嗡声，又看到几只蜜蜂在花园里忙碌地劳作。它们似乎不觉得热，也不想休息，轻松地飞着，仿佛工作得非常顺心，以至于你一直不厌其烦地看着他们。

伟大又谦逊的蜜蜂悠闲地飞着，笨拙地把头探进草丛中停了好久，你可能以为它已经睡着了。而在另一边，一只棕色的蜜蜂在紫罗兰、甜豌豆和木樨花之间飞快地忙碌着。它显然有重任在身，要从每朵花中都采到蜜，然后带回蜂巢。它不会在某些花朵中停留片刻，而是直接将头缩回来，仿佛在说："那儿没有蜂蜜。"在整个花坛中，它只采了一小块地方，就回到蜂巢去挤出一滴蜂蜜，然后再匆匆忙忙地飞向下一朵花。

来，让我们更仔细地观察它。虽然花园里种着许多不同的植物，但奇怪的是，它只采一种花——木樨花的蜜，采完后它就飞走了。继续跟上它的脚步，它飞回了蜂巢，也许你以为它会在路上停下来欣赏木樨花，事实却是在把花蜜带回家之前，没有任何花朵会吸引它。

再次飞回花园时，它可能会选择另一种花，例如甜豌豆，然后一直采集甜豌豆的花蜜，不过更有可能的是，它整整一天都会忠实于自己的老朋友木樨花。

大家都知道它为什么会在花坛和蜂巢之间来回飞舞，并且从每朵花中收集花蜜，然后把它们储存在蜂巢中以供冬季食用。我们在上一场讲座中看到过它如何储存蜂蜜，以及如何收集花粉，今天，我们将观察它在花丛中做的工作，来看看花朵对它来说是多么重要，而它又回报了花朵什么。

我们已经从报春花的生命旅程中学到，当植物能够从另一种植物中获得花粉时，就可以结出更好更强壮的种子，但如果它们被迫使用同一朵花中的花粉，就不会这样了；大家会非常惊讶地发现我们越是研究花朵，就越能发现它们的颜色、气味和奇怪的形状都是大自然中的诱饵和陷阱，它们引诱昆虫来到这里，将一朵花的花粉带到另一朵花上。

据我们所知正是如此，植物在花的不同部位形成花蜜，有时在小袋或腺体中，如毛茛花的花瓣；有时在透明的水滴中，如金银花。它们为昆虫准备了这份食物，并且有各种各样的方法吸引它们前来享用。

大家还记不记得煤矿中的植物化石并没有明显的花朵，现在我们知道为什么会这样了，因为当时没有昆虫传播花粉，所以也就不需要彩色的花朵来吸引它们了。但是渐渐地，随着苍蝇、蝴蝶、飞蛾和蜜蜂出现在这个世界上，鲜花也开始出现了，植物展现出丰富多彩的花朵，就像在说："来找我吧，如果你能给我带来花粉，我也会把我的花蜜给你，这样我就能长出健康强壮的种子。"

今天我们没法仔细探究这一切是如何形成的，以及花朵如何形成缤纷的色彩和奇异的形状来吸引昆虫，但是睁大眼睛仔细观察，我们还是能知道一些它们吸引昆虫的方式的。

举个例子，仔细观察不同种类的草，莎草和蔺草，它们有几乎看不到的小花朵，连昆虫都无法发现它们。而且，你在橡树、坚果树、柳树、榆树或桦树之间可能找不到在周围嗡嗡飞舞的蜜蜂。但是，在美丽而又香气扑鼻的苹果花或酸橙树上，你会发现蜜蜂、黄蜂和许多其他昆虫。

这是因为莎草、蔺草、坚果树、柳树和其他之前提到的那些植物都有大量的花粉，风把这些花粉吹来吹去，它们随之从一朵花上飘到另一朵花上，这样一来也就不需要昆虫来帮忙传播花粉了。它们也不需要利用花蜜和美丽芬芳的花朵来吸引昆虫。

然而，无论何时你看到一些鲜艳醒目的花朵，都可以确定这些植物会吸引蜜蜂或其他有翅膀的昆虫，让它们帮忙传播花粉。雪花莲在绿叶中探出白色的花朵，番红花开着紫罗兰色和黄色的花朵，罂粟花的花朵大而华丽，还有太阳花、向日葵、绚丽的蒲公英、漂亮的粉红色柳叶草、一簇簇的芥末花和萝卜花、明亮的蓝色勿忘我以及精致的黄色三叶草，它们都得到了昆虫的青睐，昆虫一经过这些花朵就会被吸引过去，啜饮着它们的蜂蜜。

约翰·卢博克（John Lubbock）说过，蜜蜂不仅能被鲜艳的色彩所吸引，还能辨认出不同颜色。他把一些蜂蜜放在贴有彩纸的玻璃上，他发现蜜蜂常常在蓝色玻璃上找到蜂蜜，于是就将这块玻璃洗干净，然后将蜂蜜放在红色玻璃上。如果蜜蜂只是通过气味找到蜂蜜，那么它们就会飞到红色玻璃上，但它们没有，它们先去了蓝色的玻璃，本以为能找到蜂蜜，结果大失所望地飞走了，接着才在红色玻璃上找到蜂蜜。

鲜花令人愉悦的色彩不仅可以观赏，而且还有如此妙用，它们维护着生态平衡，这么一想，是不是觉得花朵更美了呢！

当然，除了色彩，我们也不能忘了气味的作用。大家是不是从未注意过出自木樨草、百里香、迷迭香和薄荷的美味气味，还有躲藏起来的小棉毛荚蒾花束以及女贞子的小花朵？这些植物已经找到了另一种吸引昆虫的方法，它们不需要鲜艳的颜色，因为它们的香气足以指引昆虫找到花朵。如果你曾经留意过，就会惊讶地发现许多白色或暗色的花朵闻起来都很香甜，而那些郁郁葱葱的花朵，比如郁金香、洋地黄和蜀葵几乎没有香味。在这个世界上，有些人拥有吸引他人的一切品质，美丽、温柔、聪明、善良、富有同情心，就像我们看到的一些鲜花，如美丽的百合、可爱的玫瑰以及精致的风信子，它们有颜色和香味，而且形体优雅。

不过此刻我们还没有结束对于鲜花吸引昆虫的研究。大家有没有观察到不同的花朵在不同的时间进行开合？雏菊因其在日出时开放在日落时闭合而得名，而报春花和剪秋罗在太阳睡觉时才绽放花朵。

这是为什么呢？如果你在太阳落山的时候无意间走近一簇报春

148

花，你很快就会闻到它们甜美的气味，这阵花香正在吸引晚上的飞蛾前来参观。太阳花白天开放，因为它需要吸引白天的昆虫，但那些携带月见草花粉的飞蛾，只能在夜间飞行，如果月见草在白天开放，其他种类的昆虫可能会偷取它的花蜜，这些大小和形状不合适的昆虫是碰不到花粉囊并沾上花粉的。

晚上经过金银花时，你会惊奇地发现它的气味比白天强多了。这是因为飞蛾是金银花最喜欢的昆虫，它们在傍晚时分会被强烈的气味吸引，用长长的喙吸出金银花的花蜜，并带走花粉。

不过，一旦下雨，有些花就不开了。紫繁蒌就是其中之一，因此它有一个别名——"牧羊人的天气预报"。这种小花可以合上花瓣防止它的花粉被雨水冲走，虽然它没有花蜜；而其他花朵会合上花瓣就是保护花冠底部的花蜜。当暴风雨来临时，随着天空变得暗沉，雏菊花瓣会慢慢收紧直到合上，静静等待太阳再次闪耀。因为在每朵花的中心都有一滴花蜜，如果被雨水冲洗就会腐坏。

杯形花常常下垂，想想蓝铃、雪花莲、铃兰、风铃和其他的杯形花，它们看起来多么漂亮，纤细的茎上还挂着铃铛。它们弯着腰可以保护里面的花蜜腺体，如果花里面充满了雨水或露水，花蜜将毫无用处，昆虫也就不再喜欢它们。

但是，花不仅要为昆虫保留花蜜，还要等待着适合的昆虫带走花蜜。一般来说，蚂蚁是花朵们的敌人，因为它们像蜜蜂和蝴蝶一样喜欢花蜜，但它们体型很小，很容易就能在不摩擦花药的情况下爬进花朵里，然后带走花蜜，对植物没有任何好处。因此，我们看到有无数的花朵，它们巧妙的设计使得蚂蚁和其他爬行昆虫无法进入其中。例如，在报春花秆上的那些小毛发就像一片小森林，阻挡着小小的蚂蚁，保护着花朵。再比如，西班牙女娄菜有一条光滑但非常黏稠的茎，如果昆虫试图攀爬，就会被黏住。鼻涕虫和蜗牛也会经常攀爬这种花朵，不过它们会被荆棘和刚毛挡住，就像在起毛草和牛蒡上发现的那样。至此我们逐渐认识到植物所具有的一切都有它的意义，只要我们善于去发现，每一根微不足道的毛发都有自己的用途，当我们意识到这一点，并睁大眼睛去探索时，花园就可能会成为一个全新的世界。

但是今天没办法观察许多植物，就让我们观察一部分蜜蜂采蜜的植物吧，看看它们是如何保护蜂蜜直到获得回报。我们从蓝色竺葵开始，从它身上能学到昆虫如何通过花朵得到好处。

一百多年前，一位年轻的德国植物学家克里斯蒂安·康拉德·斯普伦格尔（Christian Conrad Sprengel）注意到花的中心长着一些软毛，就在雄蕊周围。他非常确信植物的每个部分都是有用的，发誓一定要弄清楚这些毛发的作用。他很快就发现雄蕊底部的茸毛保护着一些小蜜袋，防止它们被雨水冲走，就像眉毛防止脸上的汗水流入眼睛一样。这让他知道，植物非常注重保护自己的花蜜以留给采蜜的昆虫，他还进一步证明植物这样做是为了诱使昆虫深入内部并带走它们的花粉。

在这个小天竺葵上最先发现的是，花朵上用于装饰的紫色条状物直接指向雄蕊底部的花蜜，原来这是为了引导蜜蜂找到这里。所有花朵的纹理都是如此，除了夜间开放的花朵，在这些花朵中它们将毫无用处，昆虫在这些花朵上也看不到这种指示。

天竺葵第一次开花时十个雄蕊都平卧在花冠或彩色的冠上，如下图左边的花，这样蜜蜂就无法接触到花蜜。但是短时间内，其中五个雄蕊就开始抬起并紧紧抓住种子容器顶部的柱头，就像下图中间的花朵一样。你以为它们会留下花粉？不，并不会！柱头被封闭，花粉无法接触到黏性部分。但是现在蜜蜂可以接触到凸起的雄蕊外面的花蜜腺体；当它吮吸蜜时，背部会碰到花药或花粉囊，粘上花粉。等花粉散尽，这五个雄蕊便会落下来，而另外五个雄蕊会立起来，雄蕊的花粉可能会被带到别的花朵上，而柱头依旧处于闭合状态。直到最后这五个雄蕊也落下来了，柱头才会打开，露出它那五个黏糊糊的突起，正如你们在图36右侧的花朵中看到的那样。

图36　天竺葵

不过它的花粉已经全部消失了，怎么办？它会从另一只刚在其他花朵中采完蜜的蜜蜂身上获得花蜜。因此，你可以看到花朵在整个开花过程中都不会碰到自己的花粉，而是等待昆虫带来另一种花的花粉，这样它的种子就会变得健康强壮。

蜜蜂正把头探进花园里的旱金莲中，旱金莲倒垂的花朵更在意它的花粉。它把花蜜隐藏在长刺的头部，并且一次只伸出一个雄蕊而不是五个，当所有的雄蕊都发挥作用之后，黏性的柱头才裸露出来接受另一朵花的花粉。

如果你能在树篱中找到天竺葵❶，或者在你的花园里找到旱金莲，那你就能亲眼观察到这一切；如果没有，你也可以充满好奇地寻找伦敦附近田野或者小巷中的花朵，了解它们开出花朵的历史。常见的荨麻花需要费很大劲才能使蜜蜂带走自己的花粉。找到一支荨麻（见图37），从它的茎上摘下一朵花，然后轻轻地将它撕开，就可以看到它的内部结构了。在那里，也就是最底部的位置，你会发现茸毛的毛发边缘（图37中2图的f），这是为了保护下面的花蜜，防止小昆虫爬进花里，不碰雄蕊（图37中1图、2图的a）的花药就把花蜜抢走。它们无法穿过这些茸毛，所以这滴花蜜能够一直保留到蜜蜂来采。

图37　荨麻花

　　1. 整体　2. 对半切开　f. 保护根部花蜜的毛发边缘

　　s. 柱头　a. 雄蕊的花药　l. 花瓣

----

　　❶　花园里的猩红色和其他亮色的天竺葵不是真正的天竺葵，但是属于天竺葵属，所以即使你不能观察真正的野生天竺葵，还是能在它们中发现天竺葵的所有特性。

　　现在来找找雄蕊，一共有四个，两个长两个短，它们完全隐藏在形成花朵顶部的遮光罩下。那蜜蜂将如何碰到它们呢？你会发现蜜蜂落在宽阔的花瓣上（图37中1图、2图的1）并把它的头伸进管子之前，首先会让自己的背碰到一个黏糊糊的分叉柱头上（图37中1图、2图的s），然后把从另一朵花上带来的花粉留在这里。当它必须伸得更远才能够到花蜜时，它会用后背的顶部摩擦花药，在出来之前，它的背上已经沾上了黄色的粉末，于是可以把这种粉末传送给下一朵花。

　　还记得我们在讲座开始时说到蜜蜂总是喜欢一次采一种植物的蜜吗？现在大家就会发现采蜜的过程对鲜花非常有用。如果蜜蜂从荨麻花飞到天竺葵，花粉就会失去作用，因为它只帮助荨麻花生长，对其他任何植物都没用。蜜蜂每次采蜜都喜欢采同一种花蜜，这样就能把花粉放在需要它的地方。

　　还有一种花叫鼠尾草（见图38），与荨麻花属于同一个家族。它给蜜蜂背部粘上花粉的方式最聪明。鼠尾草的形状与荨麻花相似，带有兜帽和宽大的花瓣，但它只有两个雄蕊而非四个，因为另外两个萎缩了。幸存的两个雄蕊很奇怪，他们的茎或花丝很短，而花药是一条长线，只有一端有一个小花粉囊，在大多数这种花中，花药是粘在一起的两个小袋子。在图38-1中你只能看到一个雄蕊，因为花被切成了两半，但在整朵花中，每边都有一个雄蕊。当蜜蜂把头伸进管子里去采花蜜的时候，它正好从这两支摆动的花药中间穿过，撞到花尾（图38中的b）的位置并向前推，于是花粉囊猛地落在了它的背上，就这样沾染了花粉！你可以用铅笔插在任何一朵鼠尾花上，很容易就可以看到花药掉下来。

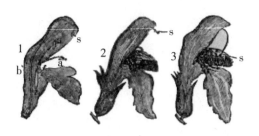

图 38　鼠尾草花

　　1. 半朵花，显示细长的花药 f，摆动的花药 a′b、b′a′和柱头 s　　2. 蜜蜂进入花朵推动花药使其位于 1 中的 a′b′位置，然后集中它的背部　　3. 成熟的花朵，柱头与蜜蜂接触

　　大家会发现，蜜蜂一直没有触及悬在它上方的黏性柱头，但是当花药被掏空并且萎缩之后，柱头的茎会长得更长，而且降得更低。另一只背上有花粉的蜜蜂来寻找花蜜时进入图中 3 号花的花朵，它摩擦着柱头，把另一朵花的花粉留在了柱头上。

　　虽然鼠尾草和荨麻花的形状差不多，但它却设计了一个更为奇妙的装置来吸引蜜蜂。

　　常见的甜紫罗兰或犬堇菜以一种与鼠尾草相比更为特别而巧妙的方式释放出它们的花粉。大家都注意到这种花形状不规则，它的一片紫色花瓣后面有一个奇怪的刺。在这根刺的尖端藏着花蜜，为了能采到这些花蜜，蜜蜂必须从花的中间穿过一个橙色、尖锐且奇怪的环状部位。这个部位是花药，它紧紧地贴在柱头上，这样当非常干燥的花粉从花粉囊中出来时，它仍被保留在尖端内，好像锁在盒子里一样。其中有两个雄蕊的刺位于花的彩刺中，且末端带有花蜜。蜜蜂摇动柱头的末端时会撕开花药环，细小的花粉便会落在它身上。

　　我们发现，正如多年前斯普兰格尔（Sprengel）指出的那样：

为了让昆虫带上花粉，这种花形成了多么奇妙的结构。首先，它挂在一根细茎上，头朝下，这样雨水就不会接近枝条上的蜂蜜，同时花粉也会向前落入由封闭的花药形成的小盒前。而且花粉会非常干燥，不像大多数植物那样黏稠，于是就能很轻易地从裂缝中落下来。柱头的花柱或茎很细，尖端非常宽，所以当蜜蜂接触它时很容易颤动，将花药分离，而花药本身折叠成不是很紧密的盒子，当它们被摇动时，花粉就会掉落。重要的是，如果你观察花的纹理，就会发现它们都指向花蜜所在的刺上，所以当花的香味把蜜蜂引来的时候，它就不会找不到正确的位置。

我还想让大家一起看看另外两种花，希望你们能仔细观察每一朵花，看看有什么昆虫会来拜访它，看看它的花粉是如何被带走的。这两种花是常见的三叶草和兰花，在春季和初夏潮湿的草地上都可以找到它们。

大家之所以知道三叶草是因为它的叶子和别的花朵非常相似，但那些不是真正的三叶草，因为在三叶草的三个明显的小叶片后面，在它的茎部附近有两个小叶片。你会发现，这种花的形状很像豌豆花，实际上它与蝶形花科或蝴蝶科属于同一个科，因为这些花看起来像昆虫在飞。

这类花朵顶部的花瓣像旗子一样竖起来吸引昆虫，因此植物学家称之为"旗子"。在它下面是两片叫作"翅膀"的花瓣，如果把它们摘下来，你会发现剩下的两片花瓣在顶端像船的龙骨一样连在一起。因此，它们被称为"龙骨"。除此之外，我们发现最后两片花瓣中间有一个奇怪的小窟窿，或者凹处。如果我们往"翅膀"里面看，会看到一个小球状突起，正好插进这个凹处，把两片花瓣连在一起。

接下来，让我们看看这朵被切开的花里面是什么样的。一共有十个雄蕊，在龙骨上被柱头所包围；九个雄蕊连在一起，一个雄蕊独立。这些雄蕊中的五个花药在花还是芽的时候开裂，但是其他雄蕊继续生长，并把花粉推到龙骨的顶端，花粉非常潮湿和黏稠。你可以看到它就在柱头周围，但是正如我们之前在天竺葵中看到的，柱头还没有成熟，也没有黏性，所以它没有使用花粉粒。

现在假设有一只蜜蜂飞向花朵。它要去取的花粉就在管里，当雄蕊松开时，它就能把它的喙放进去。但是，如果它要帮助花朵，就必须揭开花粉。我们来看看花是多么巧妙地解决了这个问题。蜜蜂为了把头伸进管子里，就必须站在"翅膀"上，它的重量使"翅膀"弯曲，因为它们在凹陷处被球状突起和龙骨连在一起，所以龙骨也被推了下来，黏糊糊的花粉粉末被揭开，正好碰到了蜜蜂的肚子，粘在了那里！一旦它吃饱了就飞走了，翅膀和龙骨也随之飞了起来，把剩下的花粉都盖住了。然后当蜜蜂去到另一朵花的时候，当它接触到花粉和柱头时，它会在上面留下一些外来的花粉，而花就用这些花粉来生产更好的种子。然而，如果没有蜜蜂，过一段时间，柱头就会变得黏糊糊的，它就会使用自己的花粉；这应该就是三叶草如此常见的原因之一吧，就算蜜蜂不帮助它，它也可以独自完成工作。

最后我们来看看兰花。达尔文写了一本书，讲述了兰花吸引蜜蜂和其他昆虫来使自己受精的许多奇妙方法。我们只能选取最简单的例子，但我想，即使是最简单的，也比大家想象中的奇妙。

让我们仔细观察一下。它有六片深红色的叶子，三片属于花萼或外杯，三片属于花冠；但都是相同的颜色，前面的大叶子称为"唇"，上面有斑点和线条，它们会暗示花蜜的位置。

那么花药在哪里？柱头又在哪里？你看，三片花叶弯成的拱门下面有两条小裂缝，在这些小棒状的管道里，你可以用针尖挑出花药和柱头。它由花粉的黏性颗粒组成，花粉通过细线缠绕在一根细茎的顶部；在茎的底部有一个小的球体。这就是你能找到的花蕊里的所有东西。当这些花粉团，或者叫花粉块在花里面时，底部的球状突起物被一个小盖子遮住，像盒子的盖子一样把它们关在里面，在盖子的正下方会看到两个黄色的块，看起来非常黏。这些是柱头的顶部，它们就在种子容器的正上方。

现在让我们看看这朵花是如何释放花粉的。当一只蜜蜂来到兰花上寻找花蜜时，它会落在花唇上，在线状物的指引下，径直走向柱头开口的前方。蜜蜂把它的头伸进这个开口，向下推到花距，在那里通过叮咬内部的组织表面得到一些丰富的汁液。注意，它一定会破坏组织表面，这需要一定的时间。

它在进去的时候会接触到柱头，于是就把花粉传给了柱头。但它触摸了一下小盖子，小盖子立刻就打开了，花粉团末端的腺体靠在它的头上。这些腺体又湿又黏，当它啃咬花距时，腺体会变干，粘在它的头上，然后它就能把它们带出来了。达尔文曾经捕获过一只蜜蜂，有多达16个花粉团粘在它的头上。

因为这些花粉团是直立的，如果蜜蜂进入下一朵花，它只会把它们放在下一朵花的同一条缝里，不会碰到它们的柱头。但是，大自然解决了这个问题。当蜜蜂飞来飞去的时候，贴在它头上的腺体越来越干，当它们变干的时候，就会卷曲起来，把花粉团拖下来，这样它们就不会直立，而是指向前方。

蜜蜂进入下一朵花时，它会把它们直接推到黏糊糊的柱头上，当它们粘在那里时，把颗粒连在一起的细线就会断开，花就受精了。

157

来年春天你走在树林里采集这些兰花时，可以把一支铅笔放在花朵管道里假装蜜蜂的头部，就可以看到小盒子打开，两个花粉团会粘在铅笔上。把它拔出来时你可能还会看到花粉团逐渐向前弯曲，然后当你把铅笔插进下一朵花里时，可能会看到花粉粒脱落，于是你就这样执行了蜜蜂的工作。

这些奇妙的发现，难道不会让我们更加渴望了解我们周围的花朵、昆虫和各种生命形式正在进行的隐秘工作吗？我可以告诉你的知识很少，但我可以向你保证，你研究得越多，你就越能在简单的田野里找到这些奇妙的故事。

正如我们所知道的花蜜对蜜蜂有多大的用处，以及它是如何从花中获得的，然而直到最近，我们才理解了施普林盖尔的方案，追踪蜜蜂对花的作用。但我们已经知道，每朵花都教会我们一些新的东西，我们发现每一种植物都以一种最奇妙的方式迎接昆虫的来访，这两种植物都是为了给昆虫提供花蜜，同时也让昆虫无意识地为它们提供良好的服务。

所以即使在昆虫和花朵中，那些为他人付出最多的，也会得到最多的回报。蜜蜂和花朵都没有过多思考这件事，它们只是继续过着大自然安排它们要过的小生活，互相帮助，改善自己。想一想，如果一株植物自私地耗尽了所有的汁液，不愿意在花朵上酿一滴花蜜，它会怎么样呢？蜜蜂很快就会发现，这些花不值得去拜访，因此这种花也不会碰到其他植物的花粉，于是它们必须自己劳作，果不其然这样只能长得虚弱矮小。或者，假设蜜蜂在花的底部咬了一个洞，然后得到了花蜜，它们偶尔也确实会这么做，那么它们就不会携带花粉，也就不能帮助花朵保持健康强壮，而这些花是它的日常食物来源。

但是，正如你所见，规则不是这样的。相反，花喂养蜜蜂，而蜜蜂在无意中帮助花朵形成健康的种子。更重要的是，当能读懂所有关于这一主题的文章时，你会发现我们有充分的理由相信，史前时期的无花植物，由于吸引昆虫的必要性，逐渐进化出我们现在看到的色彩艳丽的花朵、甜美的气味和优美的形状。因此，可爱的花朵是植物和昆虫之间友好互助的结果。

除此之外，还有别的吗？当然有。正如我们所看到的，花和昆虫是在没有思想和意识的情况下行动的，但是，如果我们想过上幸福的生活，这个法则也同样适用于我们人类，要善待我们周围的人。当我们看到支配我们宇宙的巨大力量使每一件事都向好的方向发展，即使是在蜜蜂和花朵这样微小的事物上也能体现出来；美丽和可爱正是来源所有生物的辛勤奋斗。如果我们遇到困难，无法忍受，应该向花朵学习，即使是在无意识的情况下，也可以把我们的一小滴花蜜奉献给别人，当他们来啜饮时，也必然会带给我们新的活力和勇气。

现在我们已经来到了《科学仙境》的结尾。不过，你千万不要以为我们已经完全了解这个仙境了，恰恰相反，我们的探索微不足道，可能只是它的皮毛。"一粒盐的历史""一只蝴蝶的生活"和"蚂蚁的劳动"给我们展现了仙境奇观，和我们在这些讲座中所讲的一样有趣。"一道闪电""煤矿爆炸"或"火山喷发"会让我们置身于远古时代的畏惧中，仿佛站在恐怖的巨人面前。

但至少我们已经打开了科学仙境的大门。我们知道，如果愿意，我们将会发现一个充满奇迹的世界；它离我们很近，隐藏在每一滴露珠和每一缕微风中，隐藏在每一条小溪和每一座山谷中，隐藏在每一种植物或动物中。只要伸出我们的手，用探询的魔杖触摸它们，它们就会回答我们，揭示引导和管理他们的神奇力量；因此，只要我们找到大自然的仙子，和她们对话，就可以随时冒出快乐的想法。人们常常不经思考就从她们身边走过，对周围世界上活跃的各种奇妙力量一无所知，这难道不奇怪吗？

我们从研究自然中获得的不仅仅是快乐。即使是一束微小的阳光，也无法描绘出构成它的光波，它们离开太阳不停地移动着，而对宇宙中无限小和无限大的事物所表现出来的奇妙力量，却充满了惊奇和敬畏。如果我们没有认识到自然规律是固定的、有秩序的、不变的，我们就不可能熟悉万有引力、凝聚力和结晶力，要么因无知而失败，要么因明智而成功。渐渐地，我们会对这种无所事事的生活感到恐惧。如果我们不知道生物和非生物都受同样的自然法则支配，就无法观察到报春花或蜜蜂中"生命力"仙女的劳作。我们也不能忽视蜜蜂和花朵的相互帮助，不能不承认它们告诉我们的真理：那些在生活中取得最大成功的人，无论是有意识的还是无意识的，都在为他人做着好事。

因此，科学仙境值得我们花时间研究，因为这会帮助我们学习如何过好自己的生活，不要忽视自然的力量，不管它们表面看上去有多枯燥，如万有引力或热能，抑或是人的智慧，都是伟大的造物主向我们发出的声音，向我们诉说着他的初心和信念。